茌平大口黑鲈

特色渔业生产技术

◎ 路兆宽　徐玉龙　李明杰　主编

中国农业科学技术出版社

图书在版编目(CIP)数据

茌平大口黑鲈特色渔业生产技术／路兆宽，徐玉龙，李明杰主编．--北京：中国农业科学技术出版社，2025.6.--ISBN 978-7-5116-7496-8

Ⅰ.S965.211

中国国家版本馆 CIP 数据核字第 202555H6T8 号

责任编辑　于建慧
责任校对　李向荣
责任印制　姜义伟　王思文

出 版 者	中国农业科学技术出版社
	北京市中关村南大街 12 号　　邮编：100081
电　　话	(010)82109708(编辑室)　　(010)82106624(发行部)
	(010)82109709(读者服务部)
网　　址	https://castp.caas.cn
经 销 者	各地新华书店
印 刷 者	北京科信印刷有限公司
开　　本	148 mm×210 mm　1/32
印　　张	4.75
字　　数	121 千字
版　　次	2025 年 6 月第 1 版　2025 年 6 月第 1 次印刷
定　　价	69.00 元

◆版权所有·翻印必究◆

《茌平大口黑鲈特色渔业生产技术》
编委会

主　任：朱广泰　高　博

顾　问：张秀江

主　编：路兆宽　徐玉龙　李明杰

副主编：金　磊　丛晓勇　孟凡刚　申铜飞
　　　　任思燕　尹相菡　张　楠　谢　方
　　　　杨　雷　金珊珊　刘光壮　岳　伟

编　委：魏玉莲　杨　敏　姜晓莉　马红坤
　　　　史晓燕　张荣坤　马　磊　曹　娜
　　　　孙光睿　李瑞华　邹林林　程　静
　　　　曲孔景　董秀霞　周以平　王　辉
　　　　王爱忠　沈吉路

前　言

聊城市茌平区地处鲁西平原，聊城市东部，北临高唐县，南靠东阿县，西连东昌府区，东接齐河县仁里镇，与山东省省会济南市仅有黄河相隔。辖区属黄河中下游冲积平原，地势平坦开阔，河渠纵横、坑塘棋布，引黄便利。茌平区资源充裕、物产丰富、气候适宜、沃野平畴，全区有价值的生物资源达700多种，是国家重要的商品粮、蔬菜、林果、畜禽水产生产基地和农副产品深加工基地，在传统的农业产业中，渔业生产一直占有重要地位。

20世纪80—90年代，商品鱼基地建设和沿黄渔业开发取得了巨大成效，奠定了渔业生产基础。进入21世纪，科技兴渔，高产高效渔业迅速发展，"吨鱼塘""双季双吨高产塘"领先于全市。跨入新时代，实施标准化池塘改造工程，助力渔业高质量发展，现代渔业园区发展步入快车道。特别是自2016年以来，以山东泰丰鸿基农业开发有限公司（以下简称泰丰公司）为代表的现代渔业产业园区引进了大口黑鲈（加州鲈）新品种，现代渔业产业突飞猛进，取得了显著的经济效益和社会效益。

当前，茌平区着力积极对标聊城市中心城区标准，加快"东接、西拓、南展、北优"步伐，现代渔业发展区位优势得天独厚。全区渔业主推大口黑鲈产业，着力建设现代渔业园区、示范区、辐射带，加快形成了大口黑鲈"一园一区一带"，取得了显著的经济效益、社会效益和生态效益。目前，全区已建有工厂化养殖车间 150 000 m^2、池塘养殖大口黑鲈 1 000 亩*、大口黑鲈规模化园区 4 处。泰丰公司是山东省渔业领军企业，信发鲈鱼产业园区为山东省单体最大，工艺全国领先。茌平鲈鱼已形成了聊城特色产业、区域名片，与高唐锦鲤、东阿黄河鲤并称聊城市"三大优质鱼"。

本书总结了大口黑鲈从亲鱼培育、产卵孵化、苗种培育、病害防控技术推广到加工销售等一整套主推技术，收集了大量实际生产数据、现场图片，形象直观，生动实用，重点突出。同时，吸纳和总结了最新科研成果和生产经验，能使广大生产者易学易懂易操作，并附有典型案例，是当前指导大口黑鲈产业发展的有力助手之一。

当然，由于生产和试验条件所限，一些生产数据和结论有所偏差，也请教了多位专家同仁，参考了部分文献资料，予以了修正，在此深表谢意。由于编者水平所限，在成书过程中难免仍有错误和不足之处，敬请专家指正，恳请读者朋友指出，以待提高，共图发展。

编　者

---

* 注：1 亩 ≈ 667m^2。全书同。

目 录

第一章 茌平渔业概况 1
　一、渔业资源 1
　二、渔业产业发展及其优势 4

第二章 大口黑鲈 6
　一、大口黑鲈及其生物学特性 8
　二、产业发展历程 12

第三章 主要生产模式 23
　一、标准化池塘养殖模式 23
　二、陆基圆桶养殖模式 25
　三、工厂化循环水养殖模式 27

第四章 茌平特色生产模式 42
　一、盐碱地鲈鱼养殖综合模式 42
　二、池塘内工程化循环流水养殖模式 47
　三、大水面网箱养殖模式 53
　四、鱼菜共生生态养殖模式 54

第五章 主要生产技术 58
　一、鱼苗繁育技术 59
　二、反季节繁殖技术 64
　三、池塘鱼苗培育技术 66
　四、室内鱼苗培育技术 72
　五、成鱼池塘养殖技术 78
　六、池塘养殖的四季管理 81

七、循环水养殖技术 ·· 88
　　八、"三池两坝"尾水治理技术 ································ 90
　　九、饲料替代野杂鱼技术 ·· 93
第六章　病害诊断与防治技术 ··· 96
　　一、病害诊断 ·· 96
　　二、药敏试验及其注意事项 ································· 100
　　三、常见病害及其防治 ·· 102
第七章　捕捞与加工技术 ·· 113
　　一、捕捞 ·· 113
　　二、鲜活鱼暂养和运输 ·· 113
　　三、加工 ·· 117
附　录 ··· 123
　　茌平区大口黑鲈生产龙头单位 ······························ 123
　　《大口黑鲈陆基圆桶循环水生态养殖技术规范》 ········· 131
　　《大口黑鲈人工繁育技术规程》 ··························· 137

第一章 茌平渔业概况

一、渔业资源

茌平位于山东西部，聊城东部，地处鲁西平原，聊城、德州交界处。东经115°54′~116°24′，北纬36°22′~36°45′，东临齐河，南连东阿，西靠东昌府、临清，北与高唐接壤。全区地处鲁西平原，为黄河冲积平原，地势较为平缓，地面倾斜方向基本随河流流向自西南向东北微倾。高处标高35.0 m，低处标高26.5 m，平均坡降1/15 000。由于黄河冲击，形成岗、坡、洼相间的微地貌形态，盐碱涝洼地、沙荒、村头坑塘、废旧砖窑场等宜渔资源较多。

茌平处于暖温带季风气候区，属于半干旱半湿润大陆性气候，光照充足，温度适宜，四季分明。春季南风大而多，降水稀少，空气干燥；夏季温度高，雨量大，雨热同步，秋季温和凉爽，降水减少，冬季干冷干燥，雨雪稀少，常有寒流侵袭。这种大陆性气候属性和水文气象特征，形成了"春旱多风、夏热多雨、秋爽多旱、冬季干旱的气候特点"。年平均气温13.1℃，大于14℃，年积温4 000℃。全区无霜期182~214 d，平均193 d，水域封冻期为60~85 d，光照热量比较充足。年降水多集中于鱼类及水生植物生长的旺季，是发展渔业生产的有利条件。

全区境内主要河流有徒骇河、马颊河、茌新河、茌中河、赵牛河、七里河、管氏河，全长136.1 km，主要干渠有位山一干、位山二干、振兴分干和乐平铺分干，全长129.5 km。河流纵横交错,排灌方便,农村坑塘星罗棋布,据1986—2015年共30年观测资料的统计,茌平年平均降水量573.8 mm,年最大降水量851.4 mm,6—9月约占全年降水量的75%;年平均气温13.1℃,极端最高气温41.8℃,极端最低气温-22.3℃。区域内水体pH值稳定,实测值为7.5~8.2,且营养盐类丰富,湖水水质为弱碱性软水。湖水总氮在0.68~1.07 mg/L,总磷浓度变动在0.09~0.20 mg/L,年平均溶氧量8.3 mg/L,汞、砷、酚、铬及氰化物等5种有毒物质含量均低于国家规定标准。渔业用水的水源和水质有可靠的保障。pH值7.02~7.22,溶解氧7.4~8.73 mg/L,总硬度地下水源19.74°dH,河水水源13.75~6.37°dH。钾、钠离子0.077~0.100,总磷0.104~0.274 mg/L,总铁0.007~0.011 mg/L。镁离子0.051 7~0.063 2 mg/L,氯化物34.34~43.18 mg/L。

茌平是山东省沿黄渔业重点区。境内生态良好,宜渔资源十分丰富,具有发展现代渔业得天独厚的自然条件。辖区渔业资源以淡水鱼类为主,属半封闭型内河平原区系。当地经济鱼类有鲤鱼、鲫鱼、鳊鱼、鲶鱼、乌鳢、鳜鱼、赤眼鳟鱼、鳝鱼、鲌鱼、圆吻鲴、细鳞斜颌鲴等,引进养殖的经济鱼类有鲢鳙、团头鲂、杂交鲤鱼、白鲫、建鲤、斑点叉尾𩾌鱼、大口黑鲈(加州鲈鱼)。除以上经济鱼类外,县内河流、河渠积水涝洼和自然分布有麦穗鱼、花䱻鱼、鳘条鱼、马口鱼、鳑鲏鱼、棒花鱼、泥鳅、黄鳝等十几种小型野生鱼类。另有中华鳖(甲鱼)、小龙虾、水蛭、沼虾、鹰爪虾、野生河湖虾类、螺蚌等经济动物,莲藕等水生蔬菜生产产值也归属渔业统计。

渔业资源普查结果和浮游生物组成分析表明,茌平淡水鱼池中饵料生物丰富,而且可被鱼类直接利用。现有浮游植物,包括绿藻、蓝藻、甲藻、金藻、硅藻、裸藻6个门,总量为2 131万~3 485万个/L。浮游动物有原生动物、轮虫、枝角类和桡足类四大类,其中大型枝角类较少,浮游动物总量平均为

5 868~8 210个/L。

茌平经济鱼类资源种属见表1-1。

表1-1 茌平经济鱼类资源

科	亚科	属
鲤科	鲤亚科	鲤属
		鲫属
	亚罗鱼科	草鱼属
		鳡鱼属
		赤眼鳟属
		马口鱼属
	鳊鱼亚科	鲹属
		鲂属
		鲌属
		鳊属
	鲌亚科	鲌鱼属
	鲢亚科	鳙属
		鲢属
	鮈（jū）亚科	鳛（huá）属
		麦穗鱼属
		棒花鱼属
	鲴亚科	斜颌属
		鲴属
合鳃科		黄鳝属
鲶科		鲶鱼属
鳅科		泥鳅属
鳠科		黄颡属
鳢科		鳢属
鮨科		鳜属
鰕科		鲦属

二、渔业产业发展及其优势

茌平区渔业生产历史较短，1958年以前，人工养殖作为产业进行生产的记载是空白。1959年，开始有水产管理人员引进了中南鱼苗进行人工放养，但面积很少，只有3亩。由于粗放粗养，缺乏管理，结果放鱼不见鱼。1973年以来，开始抓成鱼养殖，使池塘养鱼得到发展，养鱼技术有了提高。1981年，茌平成为商品鱼基地，大力促进渔业产业发展。20世纪90年代，沿黄渔业池塘开发取得了巨大成效，奠定了池塘养殖的生产基础。

进入21世纪，科技兴渔，高产高效渔业迅速发展，"吨鱼塘""双季双吨高产塘"领先于全市。跨入新时代，实施标准化池塘改造工程，助力渔业高质量发展，现代渔业园区发展步入快车道，特别是自2016年以来，以狠抓渔业项目促发展，以山东泰丰鸿基农业开发有限公司为代表的现代渔业产业突飞猛进，引进发展了大口黑鲈（加州鲈）新品种，效益显著，及时总结和实践了工厂化循环水养殖技术、陆基圆池高效养殖技术、大水面网箱养殖高产技术、"三池两坝"尾水治理技术、池塘鱼菜共生高产技术等。

当前，全区全力主推大口黑鲈产业，建设现代渔业园区、示范区、辐射隆起带，

加快形成"一园一区一带",取得了显著的经济效益、社会效益和生态效益。目前,全区已建有工厂化养殖车间150 000 m^2,池塘养殖大口黑鲈1 000亩,大口黑鲈规模化园区4家。山东泰丰鸿基农业开发有限公司被评为山东省种业领军企业、国家级健康养殖和生态养殖示范区;信发鲈鱼产业园,单体规模最大,设施设备和生产工艺全国领先。聊城位于济南都市圈内,代表中国商业文明的京杭大运河和代表农业文明的黄河在此交汇,贯穿中国南北的京九铁路和连接祖国东西的胶济邯铁路及高速公路在此相交形成"黄金大十字"。聊城既可利用东部沿海的先进技术,还可利用东部省份的丰富资源,是中国重要的交通枢纽、能源基地、内陆口岸和辐射冀鲁豫交界地区的中心城市。

茌平区位优越、兼收并蓄,是一座开放之城。东临省会济南,西接聊城市区,北承京津冀,南展长三角,境内309国道、105国道、济聊高速、高东高速、济邯铁路、济郑高铁纵横交错,区位优势明显,交通条件便利,是济聊一体化发展的"桥头堡"。茌平不仅起着辐射和带动鲁西经济发展的中心作用,而且也是与山西、河北等内陆省份进行经济、技术、文化交流的重要通道。这些区位优势正在助力现代渔业发展,转化为茌平渔业新质生产力,为更好更快地走向国内国际插上腾飞的翅膀。茌平鲈鱼产业正在"鲁西领跑,全省先进,影响全国"。

第二章　大口黑鲈

人们常把鲈鱼分为海鲈鱼和淡水鲈鱼。常见的鲈鱼可以分为海鲈、松江鲈鱼、大口黑鲈和河鲈4种。

1. 海鲈

又称为花鲈，分布于河口海水淡水交汇的地方，肉质细嫩鲜美，营养价值比较高，我国的广东、广西比较适合这种鲈鱼的生长，已经进行了大规模的养殖，这种鲈鱼也分为黑鲈和白鲈两种，白鲈颜色呈现青灰色，腹部比较白，背部有着很多不规则的黑色斑点；黑鲈颜色呈现黑灰色，黑色斑点不是很明显。研究表明，海水养殖的海鲈比淡水养殖的口感好、蛋白质含量高。

2. 松江鲈鱼

主要分布于日本南部海湾、朝鲜半岛西岸、中国沿海东北部海区及其相应的河流下游。这种鲈鱼最大的特点就是头大，身体的前部分比较宽而且平扁，越往后越细，背部呈黄褐色或灰褐色，是中国四大淡水名鱼之一。

3. 大口黑鲈

原产于美国加利福尼亚州密西西比河水系，由于肉质鲜美、生长迅速、抗病能力比较强。其身体呈现纺锤状，侧面比较扁，背部厚一点，嘴巴看着像裂开了一样，所以叫作大口黑鲈。从吻部到尾鳍都有明显的带状黑点。

4. 河鲈

河鲈主要生长在植物丛生的江河、湖泊中。一种生活在沿岸，体型较小生长得也慢；另一种生活在深水区，体形偏大，生长也比较快。河鲈呈长椭圆状，体侧比较扁，头呈现尖小的三角形状，最大的特点就是从第一背鳍的起点到第二背鳍的终点有5道向下的黑斑，非常好辨认。

白海鲈背部有不规则的黑色斑点；松江鲈鱼头大，身体的前半部分比较宽；大口黑鲈嘴巴像裂开了一样，吻部到尾鳍有着非常明显的带状黑点；河鲈第一背鳍到第二背鳍有5道黑斑。

大口黑鲈，是鲈形目棘臀鱼科黑鲈属的鱼类动物，原产于北美洲的淡水河流和湖泊中，尤其在美国加利福尼亚州的密西西比河水系中常见，故俗称加州鲈鱼。通过引种，已广泛分布于美国、加拿大等淡水水域，尤其在五大湖种群数量不断增加。随后被引入英国、法国、南非、巴西、菲律宾、中国等。20世纪70年代我国台湾地区引入大口黑鲈，深圳、惠阳、佛山等地也于1983年引进鱼苗，并于1985年相继人工繁殖成功，繁殖的鱼苗亦被引种到江苏、浙江、上海、山东、河南等地养殖。目前，在中国主要分布于深圳、江苏、浙江、上海、山东。

大口黑鲈被老百姓称为"鲈鱼"，名字很好听，其外部形状也与中国人传统鱼形观念相符合，在消费市场中作为鳜、大菱鲆和石斑鱼等高档鱼类的替代品，大口黑鲈价格却比以上鱼类低很多，属于中档偏低消费区间的鱼类，适合家庭和普通饭店消费。具有一定的市场竞争力。大口黑鲈在各地方消费习惯略有不同，以北京、郑州为代表的北方市场以消费0.5 kg/尾以上的大规格大口黑鲈为主，主要用于饭店的消费；而上海、西安等地以消费0.4~0.5 kg/尾的大口黑鲈为主，且以家庭消费为主。在饮食方面，广东市场偏爱清蒸大口黑鲈，江苏、浙江和北京消费者偏爱做糖醋鱼和焖鱼。珠江三角洲地区的大口黑鲈商品鱼除了少量（约10%）供应本地市场外，绝大部分销往北京、西安、郑州、上海水产品市场。近年来，江浙一带养殖大口黑鲈产量逐年增加，主要供应南京、杭州和上海的本地水产品市场，少量销往北京、西安等地。

一、大口黑鲈及其生物学特性

大口黑鲈体型长，侧扁。头中等大，口亚上位，口裂向后延达眼中部，嘴巴像裂开了一样，故名大口黑鲈。因其肉质鲜美、抗病力强、生长迅速、易起捕、适温较广、繁殖简便、效益可观，世界各国纷纷引种养殖，现几乎遍布全世界。肉质鲜美细嫩、无肌间刺、外形美观，深受消费者和广大钓鱼者的喜爱。目前，在市场甚为畅销，素有"淡水石斑""第五条家鱼"之称，我国已成为养殖产量最大的国家。

大口黑鲈肉质坚实，味道鲜美，且骨刺少，营养价值高，在我国港澳地区认为食用该鱼对伤口愈合有特殊功效，故在市场上备受欢迎。另外，大口黑鲈还可供游客垂钓，深受广大游钓者的喜爱。大口黑鲈抗病力强，病害少，在池中可单养或鱼塘中混养，也适宜在网箱中高密度养殖，养殖经济效益较高。大口黑鲈还能有效控制鱼塘中野杂鱼虾和罗非鱼的过度繁殖。

1. 形态特征

（1）外部形态　大口黑鲈一般成熟体长 25~35 cm，最大可达 50 cm。身体呈纺锤形，侧扁，背肉稍厚，横切面为椭圆形。口裂大，斜裂，颌能伸缩齿为绒毛细齿，比较锐利。身体背部为青灰色，腹部灰白色。从吻端至尾鳍基部有排列成带状的黑斑。鳃盖上有3条呈放射状的黑斑。体被细小栉鳞。背鳍硬棘部和软条部间有缺刻，不完全连续；侧线不达尾鳍基部。第一鳃弓外鳃耙发达，骨质化，形状似禾镰，除耙背面外，其余3面均布满倒锯齿状骨质化突起，第五鳃弓骨退化成短棒状，无鳃丝和鳃耙。体被细小栉鳞。尾鳍浅凹形。头中等大；口亚上位，口裂向后延达眼中部；背鳍2个；腹鳍胸位，起点位于背鳍起点下方；尾鳍叉形。

（2）可数性状　背鳍鳍式 D. Ⅳ，Ⅰ-13~15；臀鳍鳍式 A. Ⅲ-9；胸鳍鳍式 Ⅰ-12-13；腹鳍鳍式 Ⅰ-15。

侧线鳞 62~63，侧线上鳞 7~8，侧线下鳞 15；鳃耙数 6~7；脊椎骨数 26~32。

（3）内部特征　鳔 1 室，长圆柱形；腹膜白色；肠粗短，2 盘曲，为体长的 0.54~0.73 倍。

2. 生活习性

大口黑鲈主要栖息在水温较暖的湖泊与池塘浅水处，喜栖息于沙质或沙泥质且浑浊度低的静水环境，尤其喜欢群栖于清澈的缓流水中。经人工养殖驯化，已能适应稍微肥沃的水质。在池塘中一般活动于中下水层，常藏身于植物丛中。

大口黑鲈是以肉食为主的杂食性鱼类，刚孵出鱼苗的开口饵料为轮虫和无节幼体，稚鱼以食枝角类为主，幼鱼以食桡足类为主。长 3.5 cm 的幼鱼开始摄食小鱼，在食物缺乏时，常出现自相残食现象。其掠食性强、摄食量大，水温在 25℃ 以上时，幼鱼摄食量可达本身体重的 50%，成鱼达 20%。人工饲养时，可投喂切碎的小杂鱼作饲料；经驯化后，也可以投喂人工配合饲料。在水温 1~36℃ 均能生存，10℃ 以上开始摄食。正常生活时，水中溶解氧要求在 4 mg/L 以上，溶解氧低于 2 mg/L 时，幼鱼出现浮头。大口黑鲈对盐度适应性较广，不但可以在淡水中生活，而且能在含盐量 10‰ 以内的咸淡水中生活。

大口黑鲈是生长较快的大型鱼类，60~70 日龄全长可达到 14.5~16 cm，体重可达 40~50 g。在条件适宜地区，当年育苗经人工养殖，可达到 0.5~0.75 kg 以上的上市规格。

大口黑鲈的繁殖季节在 3—6 月，4 月中下旬为产卵盛期。性成熟年龄一般为 1 龄，但以 2 龄、3 龄个体的繁殖效果较好。生殖适宜温度为 18~26℃，最适温度为 20~24℃。雄鱼用尾挖坑，筑建巢穴后，引诱雌鱼入巢进行产卵。当雌鱼产卵后，即被雄鱼赶走，由雄鱼负责守护受精卵孵化。体重 1 kg 的雌鱼怀卵量为 4 万~10 万粒。卵具黏性，但黏着力较弱。脱黏卵为沉性，卵径 1.22~

1.45 mm。1年内可多次产卵。水温22~26℃时，孵化时间为31~33 h。

3. 主要价值

（1）经济价值　20世纪80年代末至90年代初，我国开始大力推进养殖业的发展来满足国内日益增长的水产品需求。2023年，全国水产品人均占有量50.48 kg，特种水产品的市场规模越来越大，导致水产养殖业出现结构性调整。传统四大家鱼虽拥有悠久的养殖历史但近年来养殖利润越来越低，让养殖户不时陷入困境，养殖信心减弱。我国目前的养殖品种不断增多，罗非鱼、对虾、蟹类，以及其他各类海水、淡水养殖品种极大丰富了百姓的餐桌。随着产业发展与消费升级，大口黑鲈被业界称为"第五大家鱼"。

我国大口黑鲈养殖产量近10年来呈明显增长态势。2003年的养殖产量为12.64万t，2018年养殖产量达43.21万t。2023年全国大口黑鲈的养殖产量达88.8万t。大口黑鲈养殖主要分布在广东、江苏、浙江、江西、四川、福建等6个省份，占全国大口黑鲈总养殖量的92%以上，其中广东占62%以上。大口黑鲈养殖主要有全配合饲料投喂养殖、全冰鲜鱼投喂养殖和混合投喂养殖3种。近年来，随着大口黑鲈特种饲料的研发进步，有不少养殖户开始选择全配合饲料投喂养殖，饵料系数为1.1~1.3，饲料成本为14~17元/kg；一部分比较保守的养殖户仍然会选择全冰鲜鱼投喂养殖，冰鲜鱼的价格是3.6~5元/kg，饵料系数为4.0左右，饵料成本为15~20元/kg；还有部分养殖户采用混合投喂养殖，冰鲜鱼和饲料交替投喂，饲料投喂比率为20%~30%，饵（饲）料成本为14.4~19元/kg。大口黑鲈引进我国30多年来，发展速度远超同时代的很多品种，其行情较稳定，价格高时达60元/kg，利润可观。大口黑鲈对环境适应性强，养殖产区从原来的华南、华东扩大到华中、华北等地。其中，有3个重要因素对大口黑鲈产业的跨越式发展起到了关键作用：一是新品种大口黑鲈"优鲈1号"选育成功,养殖覆盖率约达 60%。二是全饲料养殖大口黑鲈技术日益成熟,饲料替代冰鲜鱼进程加快。三是当前渔业供给侧结构性改革进程中,一些省份和地区把大口黑鲈作为转变养殖方式、调整养殖结构的养殖品种之一加以扶持,例如山东、河南等地就将大口黑鲈养殖列为农民增收致富的重点工程。

大口黑鲈是一种优质淡水鱼类,具有适应性强、生长快、易起捕、养殖周期短、抗病力强,病害少,在池中可单养或鱼塘中混养,也适宜在网箱中高密度养殖,养殖经济效益较高。大口黑鲈还能有效地控制鱼塘中野杂鱼虾和罗非鱼的过度繁殖。

(2) 营养价值 随着人们生活水平的不断提高,四大家鱼已不能满足大众对于美食的需求,大口黑鲈也逐渐登上百姓的餐桌。大口黑鲈肉质洁白肥嫩,无肌间刺,味道鲜美,且富含蛋白质和维生素,深受消费者的喜爱。鱼类肌肉的营养成分备受关注。有研究发现,大口黑鲈的肌肉营养成分含量明显高于黄颡鱼、鲶、草鱼、鲢、鲤、鲫、鳙和团头鲂等 8 种鱼类。不饱和脂肪酸中 EPA (eicosapentaenoic acid) 和 DHA (docosahexaenoic acid) 对大脑发育和记忆力的改善有重要作用。大口黑鲈脂肪含量在 $0.81\% \sim 6.41\%$,灰分含量为 $1.24\% \sim 1.41\%$,水分含量为 $72.12\% \sim 79.98\%$,肌肉中 17 种氨基酸总量为 $14.19\% \sim 16.47\%$,其中必需氨基酸占氨基酸总量的 4%以上,远高于草鱼、青鱼、团头鲂和鲤鱼,低于银鲳,证明大口黑鲈肌肉蛋白是一种优质蛋白源。有研究比较了 3 种饲养方式的大口黑鲈(人工饲料组、杂鱼组、野生组),结果发现,3 种饲养方式的大口黑鲈的第一限制氨基酸为蛋氨酸和胱氨酸,第二限制氨基酸为苏氨酸和缬氨酸,其他几种必需氨基酸都符合 FAO/WHO (1973) 提出的理想模式标准。由此可以肯定,无论何种喂养方式,大口黑鲈的蛋白质均是高品质的蛋白。与鲤相比,大口黑鲈所含的脂肪量较少,而体内的蛋白质较多,是典型的低热量、高蛋白食品。选育出的大口黑鲈"优鲈 1

号"优良品种与非选育群体相比,其蛋氨酸含量更高。

二、产业发展历程

1. 发展历程

大口黑鲈1983年最初由珠江水产研究所引入我国,广东深圳、惠阳、佛山、浙江等地也于1983年引进加州鲈鱼苗,并于1985年相继人工繁殖成功。主要养殖区在浙江、广东,而且都取得较好的经济效益。2012年由上海海洋大学陈乃松教授创新性地攻克了配合饲料全程投喂养殖大口黑鲈一直不能成功的难题,解决了使用配合饲料养殖大口黑鲈生长慢、肝脏易病变的业内难题。率先在浙江湖州地区进行生产性推广并获得了成功,引起了业内企业的关注。

目前,大口黑鲈在我国的大多数省份均能进行养殖。在北方地区如辽宁丹东、新疆喀什和黑龙江佳木斯等都有成功养殖和过冬的例子。主要养殖区域是广东、江苏和浙江,在湖南、江西、福建和四川也有一定的养殖规模,迅速扩展至江北。据初步统计,2024年山东大口黑鲈产量2万t,养殖模式一般是工厂化或者池塘养殖。

大口黑鲈是一种适应性强、生长快、易起捕、养殖周期短、适温较广的名贵肉食性鱼类。大口黑鲈刚引入我国养殖时,由于未适应国内养殖环境,在养殖生产中不耐应激、不耐低氧,加上病害原因,死亡率较高。广东开始养殖大口黑鲈时,主要采用混养模式,大口黑鲈摄食池塘中的小虾和野杂鱼;有的与罗非鱼混养,大口黑鲈直接摄食自繁的小规格罗非鱼。到了20世纪90年代初,大口黑鲈养殖逐渐发展为池塘主养,养殖产量上升很快。1991年,养殖产量为3 200 t。1992年,养殖产量迅速上升到1万t,每亩放养大口黑鲈鱼苗2 000~2 500尾,亩产量一般为300~400 kg,主要投喂海水低值鱼类,饵料系数一般为7.5~8.0。

21世纪初，随着养殖技术的快速提高，主要是水质调控技术的应用，加之饵料鱼的供应充足，广东顺德和南海等地借助增氧机增氧和微生态制剂调水，大口黑鲈亩产量可达3 000 kg，饵料系数为4.0左右。目前，随着人工配合饲料研制技术的成熟完善，逐渐普及使用配合饲料养殖大口黑鲈成鱼，池塘设施条件得到升级改造，池塘水深3.5 m以上，平均每亩池塘配备1台增氧机，在充分合理利用增氧机增氧和微生态制剂调水养殖条件下，大口黑鲈养殖亩产量可超过5 000 kg，配合饲料的饵料系数为1.0左右。

经过30多年的养殖发展，大口黑鲈养殖技术水平不断提高，养殖亩产量不断攀升。除了养殖端之外，产业链的下游环节不断延伸和完善，商品活鱼冷链长途运输技术的突破，大口黑鲈初级加工产品的研制，消费市场的蓬勃发展，使得整个大口黑鲈养殖产业取得了快速发展。

目前，国内大口黑鲈主要养殖区域中冰鲜鱼养殖模式仍是主流，但是冰鲜鱼养殖模式劳动强度大，养殖环境差，水质恶化和蓝藻泛滥导致病害频发，渔药滥用现象时常出现，制约了大口黑鲈养殖产业的绿色发展。近年来，随着大口黑鲈人工配合饲料研制技术突破，饲料配方不断改进和完善，商业化品牌饲料遍地开花。人工配合饲料养殖效果和效益显著，饲料养殖模式逐渐推广开来，原来受限于冰鲜鱼供应的内陆省份成为新兴的大口黑鲈养殖区域。国内大口黑鲈养殖区域越来越广，几乎涵盖了淡水鱼类的主要养殖区域。2019年，农业农村部等10部委颁布的《关于加快推进水产养殖业绿色发展的若干意见》中明确规定"实施配合饲料替代冰鲜幼杂鱼行动，严格限制冰鲜杂鱼等直接投喂"。各级政府在积极推进肉食性鱼类饲料替代冰鲜鱼进行养殖，一些地方已经明确规定在水产养殖中取缔用冰鲜鱼养殖，无论是在资源保护方面还是在生态环境改善方面，都有其现实的社会意义和生态效益。随着国家环保政策越来越严格，人工配合饲料养殖模式替代冰鲜鱼养殖模式必然成为产业未来发展的趋势，也会加快大口黑鲈养殖产业的快速转型升级。

大口黑鲈肉质鲜美，富含蛋白质、维生素 A、维生素 B，以及钙、镁、锌、硒等营养元素，具有补肝肾、益脾胃、化痰止咳的功效。随着我国经济发展水平的不断提高，水产品消费升级明显加快，以大口黑鲈为代表的优质鱼类消费大增，近年来保持年均 10% 以上的增长率，远高于常规大宗淡水鱼的增长速度。大口黑鲈市场销售价格比较稳定，比鳜鱼和大菱鲆等名贵鱼类价格要低很多，是优质鱼类中为数不多的既适合家庭消费又适合酒店餐饮的品种。大口黑鲈肉质好，没有肌间刺，适合冷藏和初、精、深加工，但一直以来，大口黑鲈在初、深加工方面却没有取得很好的突破，缺乏相关的品牌产品。由于肉片易成型和出肉率高，大口黑鲈是很好的酸菜鱼和水煮鱼的原料之一，其产品形式开始由以往传统的活鱼流通转向初、深加工产品发展。综上，大口黑鲈有着较强的市场竞争力，产业发展潜力和空间巨大。

目前，养殖的大口黑鲈从品种上分为优鲈 3 号、优鲈 1 号、皖鲈 1 号、台湾苗 1 代苗、台湾 2 代苗、普通苗。从标苗方式分为工厂苗、网箱苗、土塘苗。

大约 66% 的大口黑鲈苗种生产集中于珠江三角洲地区，4—5 月放养的大口黑鲈鱼种在翌年春即可达到性成熟，每年的 2—3 月，气温升到 20℃ 左右就开始繁殖。

近年来，山东、河南等江北省份迅猛崛起发展大口黑鲈，苗种人工繁育技术成熟后，苗种供应市场北移，工厂化育苗较多。

2. 产业现状

就全国而言，大口黑鲈养殖经过近 40 年的蓬勃发展，逐渐形成了较为庞大的产业规模。根据市场的发展需要，产业链分工明确，有专业化的鱼苗集中生产基地，出现了初具规模的水产种苗企业，苗种繁育开始细化分工，种苗生产的效率大幅提高，有专门进行连片养殖的专业村，养殖模式多样化，养殖效益较高，有规模化的商品鱼物流企业，带动了商品鱼的销售和消费，产业链中各环节完善发展，整体养殖技术已达到相当高的水平。

大口黑鲈具有肉质鲜美、生长速度快、养殖效益高等特点，深受养殖户和消费者的欢迎，成为我国渔业结构调整和转型升级发展过程中的典型养殖品种。近年来，传统的四大家鱼养殖效益不理想，养殖户纷纷选择转养大口黑鲈等名优淡水鱼类，尤其在内陆省份大口黑鲈养殖面积和规模呈现暴发式增长。我国老百姓长期以来有着喜食鲜活鱼的消费习惯，以前大口黑鲈养殖生产集中在广东佛山、江苏苏州、浙江湖州等区域，目前，山东大口黑鲈养殖产业取得了显著成效。活鱼汽车远程冷链运输技术的突破，解决了鲜活鱼长途运输成本高、死亡率高的难题，目前全国大多数城市均有鲜活大口黑鲈供应，呈现出"产地生产、全国配送"的局面。大口黑鲈已形成全国性的消费，是一条名副其实的"百姓鱼"。国内大型餐饮连锁公司，都选择大口黑鲈做酸菜鱼，进一步带动了大口黑鲈的消费。大口黑鲈养殖产业规模一直处于稳步发展中，全国的养殖产量节节攀高。据统计，2003—2023年，大口黑鲈年产量稳步上升，尤其近几年增幅较大，2003年产量为12.6万t，至2023年已增长为88.8万t。目前，我国大口黑鲈养殖主要集中分布在广东、江苏、浙江、江西、四川、福建、湖北等7省份，占全国总产量的80%以上，其中，广东占总产量的60%左右，具体的养殖分布情况如下。

广东大口黑鲈养殖集中分布在珠江三角洲的佛山市，主要为池塘精养。根据笔者的调研，2018年广东养殖面积约有8万亩，产量为25.8万t。其中，佛山市顺德池塘养殖大口黑鲈有3.3万亩，佛山市南海区有2万多亩，佛山市高明区和三水区近年来养殖规模增长较快，中山等地也在发展大口黑鲈养殖。佛山顺德和南海两地的大口黑鲈亩产在3 t左右，最高亩产量达6 t，是国内大口黑鲈养殖亩产量最高的区域。据此推算，仅顺德和南海两地大口黑鲈养殖产量就近20万t。

江苏大口黑鲈养殖集中分布在苏州和南京两市，主要是池塘养殖。之前河道、湖泊、网箱养殖面积较大，但由于环境保护的压力，网箱养殖已大面积减少。根据笔者的调研，苏州市吴江区池塘养殖大口黑鲈有3万多亩，南京高淳和溧水约1.5万亩，平均亩产1t多。据此推算，江苏地区总产量约4万t。在以四大家鱼和鲫养殖为主的盐城等地也开始有养殖户转养大口黑鲈。

浙江大口黑鲈养殖集中分布在杭州、嘉兴、湖州一带。资料显示，仅湖州池塘养殖大口黑鲈就3万亩左右，养殖水平与江苏相当。嘉兴、杭州和绍兴养殖面积达几千亩，因此，浙江大口黑鲈产量应在3万t以上。

江西和四川过去网箱养殖大口黑鲈较多，现在网箱养殖基本上都已退出。目前，江西没有集中的养殖区，实际产量并不多。四川池塘养殖集中分布在成都、绵阳、德阳、攀枝花等市，平均亩产为1~1.5 t，实际总产量在2万t左右。福建养殖规模很小，处于试养阶段，主要集中在漳州郊区一带，而且为从台湾引进的苗种。随着人工配合饲料的普及和推广，之前受冰鲜鱼价格高和供应不足限制的湖北、湖南、河南和天津等地，已成为新兴的大口黑鲈养殖产区，养殖规模逐年扩大，而且出现了面积较大的规模化养殖企业，进一步带动了全国大口黑鲈养殖产业的发展。根据笔者的调研，河南近年大口黑鲈养殖面积增加了5 000多亩，呈现暴发式增长。

长江以北以山东省为中心，河南、河北、天津等地也逐渐形成规模。

我国大部分地区的大口黑鲈以池塘精养为主，池塘面积为5~10亩，水深1.5~3.5 m。其中，珠江三角洲地区精养塘的亩产为3~4 t，江浙地区精养塘的亩产为1 t左右。其次是网箱主养，网箱一般采用聚乙烯线编织而成，体积一般为40~75 m³。有些地区采用大口黑鲈与四大家鱼、罗非鱼、胭脂鱼、黄颡鱼、鲫等成鱼进行混养，一般每亩池塘放养5~10 cm的大口黑鲈鱼种200~300尾，不用另投饲料，年底可收获达上市规格的大口黑鲈。珠江三角洲地区的大口黑鲈成鱼养殖通常在4月放苗，当年10月以后即可分批收获400 g以上的成鱼，一般到翌年1月经过2~3批收获即可将鱼全部收获。在江浙地区，一般5月放苗，年底可收获部分，其余到翌年的上半年陆续收获上市。

大口黑鲈对饲料蛋白要求较高。目前，大口黑鲈饲料研制技术逐渐成熟，出现了众多的商业化品牌饲料，在国内进行了广泛的推广应用。在华东、华中和西南地区用人工饲料养殖的大口黑鲈大多要到翌年才能上市，随着反季节苗种的推广，养殖户开始选择投放大规格苗种直接养殖，这样当年就可以全部上市。养殖户普遍反映在高温期用人工配合饲料养殖的效果不理想，生长速度不如饲喂冰鲜鱼的快，部分养殖户选择冰鲜鱼和配合饲料混合投喂。另外，如果配合饲料投喂过多，大口黑鲈容易消化不良，进而导致疾病暴发。随着大口黑鲈人工配合饲料加工工艺的进一步完善，其推广普及率会大幅度提高，甚至完全取代冰鲜鱼投喂。

由于大口黑鲈夏季售价高，近两年大口黑鲈反季节苗种开始生产和供应，从而实现商品鱼错峰上市，提高养殖效益。山东茌平部分养殖户选择养殖早苗，搭冬棚提高温度进行苗种培育，当年7月就可以收获第一批鱼，第一批鱼就能收回大部分成本，养殖效益很好。随着大口黑鲈反季节鱼苗繁育技术的成熟，现在山东茌平每年10月就有水花大量供应，且未来有希望实现全年有鱼苗生产，供应全国各地，促使大口黑鲈商品鱼全年稳定供应市场，大幅减少年底商品鱼集中上市的现象。

3. 主要问题

随着大口黑鲈养殖技术的提升以及运输和销售模式的转变，

大口黑鲈养殖经济效益不断提高，促进了养殖产业的稳定发展。但大口黑鲈养殖产业繁荣发展的同时也存在许多问题，影响到产业的健康和可持续发展，具体表现为以下5个方面。

（1）种质问题　目前，我国养殖的大口黑鲈主要是由野生群体家养驯化而成，有研究结果显示，国内养殖大口黑鲈在分类地位上属于大口黑鲈北方亚种，但其遗传多样性只有美国野生群体的70%左右，推测主要原因是当初引进时的奠基种群太小，以及引种30多年来不注重亲本留种的操作规程。目前，有些苗种场为了生产上的方便，甚至将上年卖剩的鱼作为亲本进行繁殖，致使大口黑鲈的种质质量不断下降，表现为生长速度降低、性成熟提前、病害增多等，已严重制约我国大口黑鲈养殖业稳定、健康和可持续发展。尽管目前已培育出新品种优鲈1号、优鲈3号，但相对于庞大的产业规模来说现有新品种数量还不够多，仍缺乏抗病力强、耐高温等其他性状优势明显的选育品种。

（2）人工配合饲料问题　池塘养殖和网箱养殖的大口黑鲈以冰鲜鱼为主要饵料，这些饵料大部分是从海洋捕捞而来。由于海洋捕捞的量有限，目前获得的冰鲜鱼已很难满足日益增长的水产养殖的需要，导致冰鲜鱼的价格不断攀升，由十几年前的1元/kg涨到3~5元/kg，增加了大口黑鲈养殖成本。另外，冰鲜鱼，尤其是不新鲜的冰鲜鱼易带菌，容易传染给大口黑鲈。投喂过程中多余的冰鲜鱼、排泄物长期积累在水体中，超出了水体中微生物、藻类的分解极限，极易引起水质恶化。因此，在养殖期间要不停地换水，对周边水环境产生一定的负面影响。冰鲜鱼运输、破碎、投喂过程中工作量大，环境条件差。因此，冰鲜鱼养殖模式不符合我国渔业健康绿色发展的要求。自20世纪90年代开始，很多业内人士就已经看到了大口黑鲈养殖产量逐年增长所带来的饲料市场空间，相关的研究机构和饲料企业都投入了大量资金和精力进行大口黑鲈专用饲料的开发，目前研制的专用全价配合饲料已在生产中进行了大规模的推广应用，取得了良好的养殖效果。使用配合饲料养殖的大口黑鲈当年就可长到500 g以上，养殖亩产量与采用冰鲜鱼投喂接近，基本可以满足养殖生产要求。现在生产饲料的厂家很多，质量也好坏不一，养殖户反映用人工配合饲料的成本通常比较高，用于早期的养殖还可以，但鱼长到200 g以后，特别是7—8月的高温期用饲料投喂也会出现不理想的养殖效果。

（3）养殖病害问题　长期以来，大口黑鲈的养殖户为了追求产量和经济效益，不断提高养殖密度，加上池塘水质容易变坏和苗种质量不好，导致病害频发。目前，大口黑鲈的常见病有十几种，包括寄生虫病、病毒病和细菌病，也有多病原综合作用导致发病现象。有些病，例如溃疡病和病毒病给养殖户带来了巨大的经济损失。随病害频发而来的是药物滥用现象较为普遍，水产品品质安全得不到有效保障，给产业可持续发展带来严重影响。

（4）产业化经营缺乏　我国大口黑鲈养殖年生产量已达80多万t，养殖规模较大，但传统的冰鲜鱼养殖模式投入的劳动量大，相对四大家鱼养殖而言，每亩投入的资金较多，例如面积为10亩的鱼塘每年生产25 t鱼，每年要投入30万~40万元，导致养殖户的养殖面积一般只有8~10亩，很少见到有规模达成百上千亩的大口黑鲈养殖专业户或农场。

由于没有实行企业化运作，且只限于大口黑鲈的养殖，产业链不完整，养殖户往往是跟风养殖，导致大口黑鲈商品鱼的价格每年都有较大波动。

（5）产品品牌意识缺乏　近年来，大口黑鲈在塘头收购价一直徘徊在18~45元/kg。随着饲料、塘租和人工等费用的增加，利润空间已越来越小，养殖户不得不以提高产量来保证应有的利润，养殖产量也不断被刷新，当年亩产量3~4 t已不足为奇，养殖亩产量最高可达5 t以上。但高密度和高产量并不一定能给养殖户带来更高的利润，价格的波动、病害的高发和药物的滥用往往伴随着更高的风险。在发展产业化经营的基础上，由片面追求高产转化到质量优先、保证安全，打造大口黑鲈品牌是促进大口黑鲈产业稳定发展方法之一。

4. 对策建议

（1）良种培育与推广　2005年，中国水产科学研究院珠江水产研究所在国内率先开展了大口黑鲈的良种选育工作，利用群体选育技术于2011年培育出优鲈1号，其生长速度提高了17.8%～25.3%，畸形率也由原来的5%降低到1%。该品种被列为全国或多地主推养殖品种，在广东、浙江、江苏、湖北、湖南和四川等地推广后取得了显著的经济效益和社会效益，每年生产和推广的优鲈1号苗种超过30亿尾，国内优鲈1号养殖普及率达到60%以上，促进了大口黑鲈养殖产业的健康稳定发展。为了推进用人工配合饲料替代冰鲜鱼进行大口黑鲈养殖，2019年，中国水产科学研究院珠江水产研究所联合梁氏水产种业有限公司及南京帅丰饲料有限公司在优鲈1号和从美国引进的大口黑鲈种质基础上又培育出新品种优鲈3号。在人工配合饲料喂养时1龄优鲈3号生长速度（体重）比优鲈1号平均提高17.1%，比大口黑鲈引进群体提高3.92%～38.82%，优鲈3号驯化摄食配合饲料的时间缩短，驯食成功率显著提高，适合于全程人工配合饲料养殖模式。

2019年，农业农村部等10部委联合印发的《关于加快推进水产养殖业绿色发展的若干意见》中提到了规范种业发展，鼓励选育推广优质、高效、多抗、安全的水产养殖新品种以及提升水产养殖良种化水平等，明确了实施配合饲料替代冰鲜鱼行动，严格限制冰鲜鱼等直接投喂。目前，大口黑鲈新品种相对还不够多，尚且缺少抗病力强、耐高温等优势品种，有待国内科研单位进行科技攻关。目前，大多数大口黑鲈苗种生产场规模小，至今还没有大口黑鲈国家级良种场，在大口黑鲈"优鲈1号"良种的大力助推下，江苏、浙江和天津的大口黑鲈"优鲈1号"苗种生产企业已申请获批省级良种场的资格,目前现有良种场的生产能力有限,远不能满足大口黑鲈养殖产业发展的需要。建议国家加强大口黑鲈良种选育和良种场的建设,充分发挥政府在水产良种产业发展中的主导作用,从政策和资金两方面对良种选育、生产和推广给予扶持。

山东省聊城市茌平区的山东泰丰鸿基农业科技开发有限公司作为山东省第一家大口黑鲈省级良种场,计划引进优鲈3号和台湾二代良种各2000组,进行杂交选育。优鲈3号具有体型长、抗病力强的特点,台湾二代

具有长速快等优点,将2个以上的品系繁育,培育出山东本土品牌"鲁鲈一号"苗种。

(2) 人工配合饲料开发与推广应用　针对人工配合饲料配方的改进与完善,一方面,需加强对大口黑鲈营养需求的研究,从饲料蛋白源、脂肪源及糖源利用率等方面深入探讨,开发适合市场需要的配合饲料;另一方面,从遗传育种的角度出发,培育出适合投喂人工配合饲料或植物蛋白的选育新品种,促进低鱼粉蛋白配合饲料的推广应用。目前,中国水产科学研究院珠江水产研究所等单位选育出适合摄食人工配合饲料的新品种大口黑鲈"优鲈3号",促进了大口黑鲈配合饲料养殖模式的普及推广。

(3) 病害防治　针对大口黑鲈养殖过程中的病害频发及药物滥用,建议养殖户采用合理的养殖密度,多采用以微生态制剂为主的生态防治技术或者生态养殖模式,尽可能减少化学药物的使用。此外,政府需加大对大口黑鲈病害研究项目的扶持力度,开发病害快速检测技术,加快大口黑鲈病害相关疫苗的研发,特别

是病毒性疾病疫苗的开发和应用。

（4）产业化经营　以市场为导向，以流通企业、加工企业或大型养殖企业为依托，以广大养殖户为基础，以科技服务为手段，通过把大口黑鲈生产过程的产前、产中、产后等环节联结为一个完整的产业系统，建立"公司+农户"模式，由公司统一繁育良种种苗销售给养殖户，为养殖户提供专用配合饲料、全程的养殖技术服务和市场咨询。同时，公司要求养殖户做到规范养殖，禁止使用违禁药物，养成的商品鱼再由公司统一回收销售，公司甚至可以与养殖户协议约定最低的收购价，在商品鱼收获之前允许养殖户赊欠一定数量的苗种、饲料或渔药。这样不仅能产生种苗、养殖、加工、物流、销售各环节一体化的综合型企业，而且能通过品牌建设等渠道提高产品的附加值。大型企业更接近消费市场，拥有较多的市场资源和信息，而且企业管理人员对产业有较深入的观察和思考，往往能带动整个行业朝着更高的目标前进。这种"公司+农户"的模式在大口黑鲈养殖业中已开始实施。

（5）打造品牌、推广饮食文化　与我国目前绝大多数水产养殖品种一样，至今仍未有标志性的大口黑鲈品牌产品，无品牌商品的市场价格波动幅度大，抗跌能力较差。因此，应从养殖入手，制定养殖规范和技术标准，保证养殖出高质量的大口黑鲈。通过多种渠道，如在超市开设鲈鱼专柜等，将绿色的优质产品推向市场，逐渐树立品牌，从而提高养殖户的利润，引导消费者放心吃鱼。此外，针对大口黑鲈肉质坚实、味美清香的特点，大力发展精深加工，丰富加工种类，提高大口黑鲈加工品质。进行休闲食品的开发，将大口黑鲈加工成鱼酥、鱼松、烤鲈鱼等休闲食物，既可避免年底大口黑鲈集中上市时的销售困境，又可大大提高产品的附加值。研究加工食用方法和烹饪技术，制作名菜佳肴，有利于推广大口黑鲈的饮食文化，促进大口黑鲈的销售，带动养殖产业的发展。

第三章 主要生产模式

一、标准化池塘养殖模式

池塘养殖作为我国淡水最主要的水产养殖模式,有着悠久的历史和重要的地位。随着科技的进步和环保意识的提高,传统的池塘养殖模式已难以满足现代渔业发展的需求,池塘标准化养殖模式应运而生。这种模式通过对池塘的标准化改造、采用先进的

养殖技术和设备,以及实施科学的管理,旨在提高养殖效率、降低环境污染、保障水产品质量,实现渔业的可持续发展。

1. 标准化池塘准备

(1) 基础设施建设 对池塘进行清淤改造,使塘底平整,清除过多的淤泥,改善池塘水质和底质环境;对池塘周边的道路进行平整或硬化,以方便物资运输和人员通行;建设进排水沟渠管道,确保池塘的进水和排水顺畅,并且能够有效控制水位。此外,还需配套建设泵房泵站,用于调节池塘的水位和进行水体交换。

(2) 养殖设施配备 根据养殖品种的需求,配备相应的养殖设施。可设置增氧机,以增加水体中的溶氧量,满足鱼类生长的需要。对于一些对水质要求较高的品种,还可安装水质净化设备,如生物滤池、紫外线消毒器等,对养殖用水进行处理,确保水质符合养殖要求。另外,可搭建遮阳棚或保温棚,以调节池塘的水温,适应不同季节和养殖品种的需求。

(3) 尾水治理设施建设 采用"三池两坝"尾水治理模式,即建设沉淀池、曝气池、净化池,以及潜流坝、溢流坝等设施。养殖尾水先进入沉淀池,沉淀其中的悬浮物和部分有机物;然后流入曝气池,通过曝气增加水体中的溶氧量,促进有机物的分解;

接着进入净化池，利用水生植物、微生物等进一步净化水质，使尾水达到排放标准或循环利用的要求。

2. 养殖管理模式

（1）科学投饵　根据养殖品种的生长阶段、体重、水温、水质等因素，科学计算和调整投饵量，避免过度投饵造成饲料浪费和水质污染。选择优质、营养全面的饲料，并且按照"定时、定量、定点、定质"的原则进行投喂，使养殖动物养成良好的摄食习惯。

（2）水质调控　定期监测水质，包括水温、pH值、溶氧量、氨氮、亚硝酸盐等指标，根据监测结果及时采取相应的水质调控措施。通过换水、增氧、使用水质调节剂等方式，保持水质的稳定和适宜。同时，合理控制养殖密度，避免因养殖密度过大导致水质恶化。

（3）疾病防控　坚持"预防为主、防治结合"的原则，做好疾病的预防工作。定期对池塘进行消毒，可采用生石灰、漂白粉、二氧化氯等消毒剂进行全池泼洒。养殖过程中注意观察大口黑鲈摄食、活动、生长等，及时发现和处理异常情况。一旦发现疾病，应立即进行诊断和治疗，选择合适的药物进行治疗，并且严格按照药物的使用说明进行操作，确保药物的安全有效。

（4）日常管理　建立健全的养殖生产记录制度，记录养殖过程中的各项数据和操作，如投饵量、换水时间和量、疾病防治情况、收获情况等，以便对养殖生产进行总结和分析，为后续的养殖提供参考。加强对池塘的巡查，及时发现和解决池塘设施出现的问题，确保养殖生产的顺利进行。

二、陆基圆桶养殖模式

陆基圆桶养殖技术利用圆桶作为养殖设施，通过集中曝气、斜面集污、旋流分离等方式提高水体溶氧、保持养殖水质。这种

养殖模式具有养殖产量高、生产周期短、移动性强、捕获简单、生产过程易控等优点。同时,养殖用水可循环使用,无污染,符合现代环保养殖的理念。是一种高效、节约土地和水资源的养殖模式。

1. 养殖设施准备

(1) 圆桶设计 鱼池做成圆形,高度一般在 1.2~1.5 m,直径 6~10 m。池底呈锅底形,上口边缘通过水管进水,管口带斜角。在池子中间最底部安装出水管流出养殖尾水。圆桶材料可采用镀锌钢板、高强 PVC 防水篷布(刀刮布)和砖混结构等。

(2) 增氧设施 每个圆桶底部布置纳米增氧管或采用变频罗茨风机微孔增氧、纯氧增氧等方式进行底层增氧,确保养殖水体中的溶解氧含量充足。

(3) 保温大棚 在圆桶上方可搭建钢管连体保温大棚,以调节养殖环境的温度。

(4) 尾水处理系统 圆桶外部安装粪污收集系统,将粪污收集提取至污水槽,通过配套的沉淀池、过滤坝、曝气池、生物净化池等尾水系统进行处理,实现水体达标排放或循环利用。

2. 养殖管理模式

(1) 苗种放养 选择健康、无病害的鱼苗进行放养。放养前要对圆桶进行消毒处理,并检测水质指标如氨氮、亚硝酸盐、水温等。放养密度要根据圆桶大小、水体容量以及养殖周期等因素进行合理调整。

(2) 饲料投喂 采用高蛋白含量的饲料进行投喂,每天投喂两次,早上和下午各 1 次。投喂量要根据鲈鱼的生长情况、天气变化以及水质状况等因素进行适时调整。同时,要注意定期清理残饵,保持水质清新。

(3) 日常管理 定期检查圆桶的设施状况,如增氧设备、进排水系统等是否正常运行;定期检测水质指标,如 pH 值、溶解氧、氨氮等,并根据检测结果进行相应调整。同时,要注意观察鲈鱼的生长情况和健康状况,及时发现并处理异常情况。

(4) 病害防治 鲈鱼养殖过程中容易发生肠炎病和肝胆综合征等疾病。因此,要加强病害防治工作,定期投喂预防药物并观察鱼体状况。一旦发现病害迹象要及时隔离治疗,防止病害扩散。

三、工厂化循环水养殖模式

工厂化循环水养殖是集水产养殖技术与现代工业及信息化技

术于一体的高度集约化养殖模式，能有效实现生产效率高、生态环境佳、动物福利优。随着我国渔业现代化水平不断提高，新技术新材料不断出现，以及生态文明建设与实现碳中和的要求，循环水养殖模式必将迎来新的发展。

工厂化循环水养殖系统（RAS）是在工厂化养殖基础上发展起来的新型养殖模式，以养殖水体的循环再利用为主要特征，除了具有工厂化养殖的优点外，还在养殖废水处理、减少养殖用水量和尾水排放量等方面具有显著优势。

循环水养殖通过供水系统的优化设计和多种设施设备的协调运行，从而实现全部养殖水体的反复循环利用，在节约控温能耗、降低环境污染和防病抗病等方面比非循环水工厂化养殖更胜一筹。

循环水养殖需要综合运用一整套水质净化处理设备，其工艺设计涵盖了流体力学、生物学、机械、电子、化学、自动化信息技术等多种科学技术和工业化手段。一个完善的循环水养殖系统可实现水温、溶氧、营养盐等水质指标的全程可控，并且在任何情况下都能做到系统中90%以上的水循环再利用。

工厂化循环水养殖的实质是以工业化、现代化手段支撑和优化养殖生产过程，尤其是通过养殖全程水环境调控，可以在一定程度上克服温度、水资源和空间资源等外界条件的限制，实现全年多批次连续养殖生产完成反季节生产和错峰上市销售，赢得市场先机，获得较高的经济收益。工厂化循环水养殖良好的生产性能与其高度可控条件下的集约节约特性密不可分。按照单位养殖水体计算，循环水养殖的水产品产量比传统工厂化养殖高 3~5 倍、比池塘养殖高 8~10 倍，成活率提高 10%以上，渔药和化学试剂使用量减少近 60%。全方位指标和性能优化，使循环水养殖的经济效益和生态效益得到保障。

在工厂化循环水养殖系统中通过对养殖用水进行物理过滤、生物净化、杀菌消毒、脱气增氧等一系列处理，使全部或部分养殖水得以循环利用；在优化调控养殖生物的生活环境的同时，通过自动投饵机等设备的使用，可以实现一定程度的自动化、智能化管理。循环水养殖不但集渔业工程与机械装备技术、新型生态环保材料、微生态调控技术、数字化管理技术等现代高新技术于一体，因养殖过程全程受控、受外部环境变化影响小，具有节水、节地、节省控温能耗、养殖环境稳定、生物生长速度快、养殖密度高、产品绿色无公害等显著优势，被誉为"21 世纪最具潜力的养殖模式和投资方向"。

迄今为止，中国渔业科技工作者已初步建立了适合我国国情的循环水养殖技术体系，产业发展初具规模，但在养殖微生态环境控制、养殖管理与投喂技术、水质自动检测与数字化管理、病害防控、节能降耗等方面还需要不断完善和加强。此外，企业管理者因传统养殖理念的束缚，使相当一部分循环水养殖系统集约节约、高效安全的技术优势尚未充分发挥。从设施装备上来看，我国工厂化循环水养殖在水处理精度、水处理效率、运转使用率及自动化、智能化管理水平方面与国外先进国家相比尚存在一定差距。

尽管存在上述种种问题和挑战，但对比现有的各类水产养殖生产模式，工厂化循环水养殖可以实现生产效率最高、生态环境保持最佳、动物福利得到加强的目标，绿色、生态、循环、高效，代表着未来水产养殖业发展方向。随着我国渔业现代化水平的不断提高，新技术新材料不断出现，将给循环水养殖模式带来新的发展机遇。同时，随着中国建设生态文明和实现碳中和的进程逐渐加速，发展节能减排和低碳经济已成为水产养殖业的必由之路。我国传统的养殖模式在科技水平、自动化程度、经营管理方式、资源消耗等方面已经表现出种种局限性，而工厂化循环水养殖的优势日益显现，必将迎来新一轮快速发展。

当前，茌平区设计建造了10余套大型循环水养殖系统，主要为3家重点养殖企业建造，分别为山东泰丰鸿基农业科技开发有限公司、信发集团农业有限公司、山东晟泉农业有限公司，全部养殖大口黑鲈。这些正在商业化运行的循环水养殖系统都取得了比较好的运行效果，达到了预期生产目标。生产实践证明，工厂化循环水养殖的确具有良好的生产性能和环保优势，以单位产量核算的生产成本也明显低于其他养殖模式。

1. 循环水养殖系统的关键工艺与技术

工厂化循环水养殖系统大量使用了工业工程装备和技术，通常由固体颗粒物去除、悬浮颗粒物与可溶性有机物去除、氨氮及亚硝酸盐等有毒有害可溶性无机盐去除、病原微生物去除、系统内养殖生物和微生物代谢产生的一氧化碳脱除、溶氧补充、温度调节等工艺技术体系及其相应的设施设备所构成，其工艺技术包括保温、控温，固体颗粒物去除、可溶性无机氨磷去除、消毒杀菌、增氧等多个环节。

循环水养殖进一步发扬了工厂化养殖的集约化特点，生产效率高、占地面积少，且克服了土地和水等自然资源条件限制，是一种高投入、高产出、高密度、高效益的养殖模式，符合我国生态文明建设的总体目标和可持续发展战略。这种集约高效、节能减排、环境友好的工艺特色，也使循环水养殖成为水产养殖转方式、调结构、低碳绿色发展的重要方向，因而连续多年成为我国农业农村部水产养殖主推技术。目前，该模式已得到国内学术界和产业界的广泛认可，新系统建设规模和总体养殖规模在近年来不断攀升，成为我国未来水产养殖的发展趋势。

在进行养殖池型的设计中需要重点考虑两个因素：第一是空间利用率。土地资源是最大的成本之一，如何在有限的土地资源上实现最大的产出，空间利用率就是最重要的指标。第二是自清洁效率。循环水养殖的核心之一就是如何将养殖动物产生的废物尽快排出养殖单元进入水处理单元。也只有实现养殖废物的及时处理才能实现养殖水体的循环使用。

常见的养殖循环水养殖池型及其优缺点如下。

（1）圆形养殖池　优点一是水流条件好。四周没有死角，水流动顺畅，能形成稳定的环流，提高水的循环率，使水质更加清洁均匀，溶氧分布也更均匀，为养殖生物提供优良的水动力条件。比如在养殖鲑鱼等对水质和水流要求较高的鱼类时，圆形池能更好地模拟自然水流环境，促进其生长。二是自清洁能力强。池内较高的流速可使固体废弃物快速集中于池底中央排污口排出，有效减少池内污染物的积累，降低水质恶化的风险，减少了人工清理的工作量和难度。

缺点是空间利用率相对方形池略低，但在工厂化养殖中，其优点更为突出，是目前循环水养殖池的主流池型之一。

（2）方形养殖池　优点一是空间利用率高。可以更紧密地排列和规划，在有限的场地内能够容纳更多的养殖水体，提高养殖产量和土地利用率，适合大规模、高密度的养殖生产。二是建设成本低。形状规则，在建造时相对简单，尤其是在使用土建材料时，施工难度和成本都相对较低。

缺点是易出现"死水区"。由于池壁几何形状的制约，水流会在直角处急剧转弯并与池壁发生撞击，导致能量损失较大，剩余能量难以维持水体较高速度的旋转运动，易形成低流速区域和"死水区"，使固体废弃物难以排出，可能导致水质恶化、鱼群分布不均、鱼类品质下降等问题。

(3) 方形弧角养殖池（八角池） 优点是在尽量保持方形池空间利用率的前提下，通过将直角改为圆弧角，改善了养殖池内的流场特性，减少了水流在急弯处的能量损失，使水力混合条件得到优化，从而实现了方形池和圆形池优点的有效结合，兼具一定的空间利用率和较好的水流循环及排污效果，适用于一些不好砌出整圆的水泥养殖池。

缺点是通过将直角改为圆弧角，改善了池内的水流循环，减少了水流在急弯处的能量损失，使水力混合条件得到优化，形成相对稳定的环流，能将水中的残饵、粪便等污染物带到排污口附近。但其环流效果和水流速度不如圆形池，对污染物的携带和排出效率稍低，自净率相对圆形池略差。

计算流体力学可以借助软件将数学模型、物理化学反应模型等进行数值模拟。其模拟结果几乎接近真实的现场试验结果因而适应于工业化养殖系统的模拟设计，为寻找最优设计参数提供可靠的理论支撑。通过分析养殖池内水流云图和向量图分析不同池型在相同进水流量下的集污能力，对比相同集污效果下的能耗情况。

设置水流量 0.5 循环/h，进水口初速度为 0.2 m/s。八角池中水流速度为 0.07 m/s，面圆形池为 0.12 m/s；八角池内部水流的流场小涡流较多，方向无序，圆形池中的小涡流较少，对比池内水流速度，八角池的集污能力比圆形池低 41%。以八角池流量 0.5 循环/h 为基准，此时进水口的流速为 0.2 m/s，当圆形池的进水口流速为 0.13 m/s 时，内部流场速度云图的分布与八角形相似。通过观察圆形池和八角池的水流分布，在集污效果相仿的情况下，圆形池与八角池相比，能够节省大约 35% 的进水流速。

2. 国内外工厂化循环水养殖研究与产业化概览

（1）国外技术研究与产业化

养殖工艺技术研发：全球最早的循环水养殖系统出现于20世纪50年代的日本，此后世界各国纷纷开展循环水处理技术和养殖技术研究。由于最初的研究思路是引入市政污水处理工艺和模仿水族馆（养殖密度只有 0.16~0.48 kg/m³）的循环水处理工艺，并未考虑商业化水产养殖系统的成本、资源，尤其是养殖水体与净水系统比例及系统载鱼量（养殖密度一般在 50~300 kg/m³）方面的特殊要求，因此走了不少弯路，也耗费了大量资源，研发进程非常缓慢。

另外，许多养殖技术人员虽然有工厂化养殖的经验，但也仅基于流水系统，并不了解循环水系统，在日常操作中难以合理控制系统的载鱼量、饲喂量、饲喂频次、水质指标的管理等，造成系统整体水流量与物质平衡失控，最终导致系统运行失败。在循环水养殖早期发展阶段，这种科学认知和管理经验的不足从养殖密度上就可见一斑，实验室规模的 RAS 养殖密度一般在 10~42 kg/m³，而产业化规模的 RAS 的养殖密度仅能达到 6.7~7.9 kg/m³。经过半个多世纪的发展，现代 RAS 通过不断优化的工艺设计、曝气充氧（例如液氧的使用）、自动投喂以及适宜养殖品种的选择等，得以不断突破各种限制性因素，因而能够实现 50~300 kg/m³ 的高密度。

随着传统池塘养殖模式因面临土地竞争和各种环保压力而在发展上陷入停顿，欧美各国工厂化循环水养殖业在 1980—1990 年经历了快速发展和上升期。伴随着产业发展的是各种工艺技术的改进，开始利用各种无压过滤筛网滤除较大悬浮颗粒物，利用臭氧对水体进行消毒和降解其中的有机物，同时也研发出多种类型的生物滤器，如浸没式过滤器、滴滤器、往复式过滤器、旋转式生物接触器、转鼓生物滤器和流化床反应器等，以及厌氧反硝化装置。随着这些装备和工艺技术的开发，工厂化循环水养殖逐渐成形并开始产业化应用。

美国在工厂化循环水养殖基础和应用基础研究中也保持了较高水平，包括集约化养殖生物的营养生理、防病技术、水处理技术等。美国循环水养殖系统的工艺特点是水质调控自动化、机械化程度很高，采用计算机辅助自动调控水体中的溶氧、pH 值、电导率、浊度、氨氮等指标，并自动控制养殖场内部环境的温度、湿度、光照强度等。另外，得益于发达的总体工业水平，在增氧、生物净化沉淀、固体颗粒物滤除、养殖生物分级筛选和收获等方面大量运用了先进的高新技术和装备。

产业化：虽然一些发达国家在循环水养殖基础科学研究、技术研发和装备制造方面都取得了不错的成果，但循环水养殖产业在初创时期非常艰难。丹麦、荷兰、以色列、日本、英国、美国、法国、德国、俄罗斯等国家都是循环水养殖产业比较发达的国家，其养殖品种都以鱼类为主。在欧洲，德国较早（20 世纪 70 年代）尝试用循环水系统来养殖鲤鱼；但从整个欧洲看，循环水养殖技术、装备和工艺设计最为发达、较早建立起工厂化循环水养殖模式的国家主要是丹麦和荷兰。丹麦在 20 世纪 70 年代中期就开始策划将循环水养殖技术产业化，而最早的、具备生产规模的鱼类循环水养殖系统由丹麦水产研究所开发，1980 年在丹麦建成运行。丹麦在循环水养殖技术方面的早期投入有力促进了 RAS 的产业化发展，特别是欧洲鳗鲡等高值鱼类的养殖；后来，丹麦又开发了室外半封闭式循环水养殖模式，以冷水性虹鳟为主要养殖对象。得益于先发优势，丹麦有多家环保公司在水产养殖装备与工艺研发方面脱颖而出，在全球范围内设计建造了一百多套工厂化循环水养殖系统。

美国的华盛顿大学、马里兰大学、西弗吉尼亚淡水研究所等在该领域的研究水平居世界前列，其中西弗吉尼亚淡水研究所和康奈尔大学联合设计的循环水养殖系统已成为此类工艺设计的经典，其在固体颗粒物去除过程中增加了径向流沉降器，并使用流化砂生物过滤器作为核心生物滤器，只有约60%的流量通过生物滤器。很多后续的实验系统都采用了类似的设计，例如卑尔根大学的RAS系统就是在弗吉尼亚州淡水研究所系统的基础上增加了膜生物反应器。美国的循环水养殖技术曾一度处于全球的领先地位，颇具特色，曾经备受养殖业界的关注；然而与英国和其他一些国家一样，美国的工厂化循环水养殖产业也是经历无数次失败后逐渐发展成熟起来的。多年来美国在循环水养殖冷水性的鲑鳟鱼以及温水性的罗非鱼方面已取得显著效果，在技术和装备方面都有一定的积累，其工艺技术研究主要走两条路线：一是大力研究水处理设施设备，形成集成各种科学技术于一体的现代化循环水养殖技术路线；二是简化各种水处理设施设备，节约成本，采用简单的废水处理方式实现循环水养殖模式经济运行的技术路线。

以色列从20世纪20—30年代开始尝试水产养殖，大致可分为池塘、工厂化和工厂化循环水3个阶段。目前，以色列水产养殖产量占到水产品总量的70%以上；虽然总的规模有限，但其仍然可称得上是世界上主要的水产养殖国家。工厂化循环水养殖是以色列农业现代化技术成果在水产养殖领域的集中体现，其核心工艺是水处理技术，包括采用高效的生物滤器、全自动滚筒微滤机、实时水质监测、自动投饵等先进的养殖设备。以色列阿科莫夫公司是有着30多年历史的渔业装备研发、系统设计、装备制造公司。其循环水养殖系统采用先进的AquaMaof微量液体排放技术，利用多项水处理专利和过滤技术来减少用水量。阿科莫夫公司的集成RAS技术核心是高效的电源管理，可显著降低能源成本；同时，采用优化的饲喂模式和先进的饲喂管理系统，也能够降低饲料转化率和运营成本。另外，阿科莫夫公司的RAS系统工艺流程有一定的灵活性，能够根据不同企业和品种的需求进行定制化设计，并且能够随时集成利用新技术;通过对系统组件的智能化选择和配备,可以在最少维护下实现强大的功能。目前,阿科莫夫公司已经在日本、挪威、德国、波兰、俄罗斯等全球多个国家建设了数十套RAS系统,养殖品种包括大西洋鲑、虹鳟、石斑鱼、黄条鲕和对虾等。

虽然经历了半个多世纪的发展,工厂化循环水养殖对全球水产养殖的总体贡献却十分有限,尤其是在水产养殖规模较大的发展中国家,RAS的占比还非常低。不过,由于较为严格的环保政策等条件限制,欧美国家的陆基工厂化养殖大多采用循环水技术。尤其是在最近20多年来,欧美国家将工厂化循环水高密度养殖作为新型技术密集型产业,发展速度非常快。从全球来看,循环水养殖单产一般达到70~120 kg/m^3,生产规模可大可小,大型生产系统年产量超过1 000 t,中型系统年产500 t,而小型系统年产量可能只有50 t。除了环保压力和资源限制,病害防控、增加市场灵活性等方面的迫切需要,也成为助推欧美各国发展工厂化循环水养殖的新动力。

(2) 国内技术研究与产业化

工艺技术研发:我国工厂化循环水养殖起步于20世纪80年代中期。1986年前后,以中原油田、江苏中洋为代表的几家企业,先后花巨资从德国、丹麦等国家引进一批循环水养殖系统,主要从事淡水罗非鱼、鳗鱼的工厂化养殖。但由于管理理念与现实的差距,设备运行并不顺利。1990年初,国内开始进行工厂化循环水养殖相关的科学与技术研究,从早期的摸索,到工艺、技术、装备的逐步研发与配套集成,最终实现产业化运行,至今已近40年时间。

我国成规模的海水工厂化养殖出现于20世纪90年代。初期以"温室棚+深井海水"的工厂化流水养殖模式为雏形的中国工业化养鱼逐步创立克服了养殖季节的限制以及突发恶劣天气的干扰,并以此为基础实现了单位水体养殖产量的大幅度提高。

90年代中后期，中国水产科学研究院黄海水产研究所开始进行工厂化循环水养殖工艺技术研究。在"九五"期间，黄海所承担了国家高技术研究发展计划（"863计划"）"工厂化养殖海水净化和高效循环利用关键技术的研究""工厂化鱼类高密度养殖设施的工程优化技术"等项目，开展了海水工厂化养殖关键技术研究，研发了微滤机、快速过滤、高效增氧等技术，在山东省荣成市寻山水产集团公司养鱼场建成了"863课题"工厂化循环水养鱼实验基地，进行海水循环水养鱼技术实验研究，养鱼密度达到 30 kg/m^3。其间，黄海所主持了国家"863计划"和科技攻关计划课题，解决了工厂化养殖的工程技术优化，养殖装备技术水平得以提升，并带动了工厂化养殖的工程优化技术在我国北方沿海地区的推广应用。"十一五"期间，黄海所研发了工厂化养殖成套设备，构建了高效养殖生产体系，使工厂化循环水养殖在我国长足发展，取得了显著经济效益和社会效益。我国循环水养殖工艺、技术和系统化程度快速提升，并且在运行规模和养殖品种方面也得到不断发展。通过我国科研人员二十多年的持续努力，陆续突破了固体颗粒物快速分离、生物净化、高效溶氧、养殖尾水处理等关键技术，取得了一批拥有自主知识产权的创新成果；初步构建起具有中国特色的节能环保型循环水养殖工艺，工艺水平接近世界先进水平。

近10年来，循环水养殖技术在国内外得到进一步发展，工艺设备不断优化，逐步采用了纳米材料技术、生物膜快速培养技术、厌氧反硝化技术、自动投饵和自动化控制技术等现代化科学技术成果。在中国目前的主流循环水养殖系统工艺设计当中，水处理装备由微滤机（固体颗粒分离器）、气浮（蛋白分离器）、生物滤池、增氧装置、控温装置以及紫外线消毒设备等几个主要部分构成。通过不断对工艺设备更新换代和配套集成，进一步提高了自动化程度和集约化程度，强化了生物安保和动物福利，养殖水循环利用率达到95%以上，循环水养殖配合生态综合尾水净化技术，实现了无废物生产和"零排放"。

产业化：科技创新有力支撑了产业发展。国内循环水养殖产业开始于2007年，2007—2013年，在国内第四次渔业产业浪潮的推动下，以鲆鲽类工厂化循环水养殖为代表，产业规模迅速由2万m^3上升至50万m^3，增长了24倍。在黄海水产研究所、中国科学院海洋研究所、中国水产科学研究院渔业机械仪器研究所等科研院所推动下，我国工厂化循环水养殖已初具规模，主要集中在北方沿海，其中，辽宁省、河北省、天津市和山东省的循环水养殖总面积约占其工厂化养殖总面积的67.2%。养殖密度也逐步提高到30~40 kg/m^3，个别品种（尼罗罗非鱼）甚至高达104.2 kg/m^3。21世纪的第二个十年，中国循环水养殖已经有了质的飞跃，载鱼量、养殖水质和养殖效果都有了明显的提高。鱼类之后，对虾、海参、鲍和贝类等品种的循环水养殖先后在我国获得成功。我国于1988年引进南美白对虾进行池塘养殖并获得成功，但由于病害频发，使产业不堪其扰、产量和产值难以保证；通过近年来工厂化和循环水养殖的大量研究与实践，循环水养鱼目前在我国已颇具产业化规模，实现了传统养虾方式更新换代和转型升级。目前，工厂化循环水养虾在我国北方沿海和山东省、甘肃省、内蒙古自治区等内陆省份发展很快。

多年来，中国渔业科技工作者坚持自主研发中国特色的工厂化循环水养殖工艺模式，养殖总规模已突破300万m^3。与国外循环水养殖系统相比，我国循环水养殖系统建设成本是国外的1/5，运行能耗是国外的1/3，养殖品种更加丰富多样。

3. 工厂化循环水养殖面临问题与发展趋势

多年来，渔业科技工作者研发了环流式固液分离装置、工厂化循环水养殖系统多功能回水装置、生物滤池多孔排污装置、生物膜负荷挂膜技术等实用性水处理装备和水处理技术；通过对循环水养殖工况下养殖鱼类生理、生态研究，揭示了工厂化循环水养殖促生长机理；通过生物滤器研发，阐明了生物膜培养方法、净化机理和影响要素；系统研究了主要营养素在循环水养殖系统内的迁移转化规律，为养殖微生态环境精准控制提供了理论依据；通过系统集成和优化，构建了节能环保型海水鱼类工厂化循环水养殖系统，自主设计的工厂化循环水养殖系统在工程造价、运行稳定性、运行能耗、养殖生物单位承载力等方面处于领先水平，为促进我国渔业产业转型升级和工业化发展作出了突出贡献。不过，我国工厂化循环水养殖发展中也存在许多不足，需要不断优化与提升。

（1）设施与装备集成能力需要加强　国内目前已建成的生产型工厂化循环水养殖系统中，水处理设备、自动投饵设备、杀菌和增氧设备等单项设备的性能和工艺水平虽已逐渐步入世界先进行列，但这些装备在配套和应用方面仍然存在许多不完善和不配套的问题。我国目前的水产养殖设备供应商总体呈现小而散的格局，真正能够生产循环水养殖成套设备的厂家如同凤毛麟角，更缺少能够与国际知名水产设备供应商抗衡的规模以上企业。从不同的设备厂家进行选型和制套，筛选成本提高，间接增加了系统设计和建设过程中的难度，另一方面也限制了国产系统及其装备的快速提升。今后，应进一步加大养殖装备研发和产业化投入，不断提升装备水平和系统建造的一体化程度，加速实现工厂化循环水养殖系统健康、高效、稳定地运行。

（2）配合饲料需要进一步优化　我国现阶段的水产饲料配方雷同度较高，缺乏针对循环水养殖，以及相应养殖品种的专用饲料，饲料营养、蛋白水平、溶失率、饲料系数等指标参差不齐，增加了水处理系统的运行负担，也影响了工厂化循环水养殖的效果。有必要开发针对不同品种的循环水养殖专用饲料，使饲料营

养和性能都具备较高的水平,从而保证循环水系统的各种优势能够得到更好发挥。

(3) 病害防控技术需要精准化　追求高密度、高效益是工厂化循环水养殖模式的首要目标。由于养殖密度高、系统负荷大、物质周转快,一旦哪个环节出现微小的问题,都有可能被迅速放大,并引发养殖生物病害。此外,由于系统本身的封闭性,病原体一旦进入就很难去除。为此,一方面需要递进式不断加强系统工艺的优化,增加系统本身的缓冲性能,使系统运行更加顺畅;另一方面则加强循环水高密度养殖条件下生物的生理生态学研究,以及养殖生物的应激反应、疾患征兆、疫病防控技术研究,建立科学有效的病害预警机制。

(4) 节能降耗需要进一步加强　前期建设投入大和能耗高,是工厂化循环水养殖不可回避的两个问题。应同时关注设备和系统两个层次的节能降耗,进一步研发节能型设施设备,优化与集成低碳高效的循环水处理技术;优化系统工艺和水处理单元之间的耦合,以实现节能减排;研发二氧化碳去除装置,降低养殖水体中二氧化碳含量;研制低能耗、高效率的多功能固体颗粒物滤除设备、消毒杀菌设备和生物滤器;研发高效、实用的养殖尾水处理技术，实现尾水资源化、无害化处理，构建工厂化养殖尾水污染物生态控制新模式；研发适合循环水养殖系统使用的可再生能源利用技术，提高太阳能、风能等新能源与循环水养殖装备的匹配度，同时推广使用水源热泵等高效热交换设备，降低系统运行的能源成本。

（5）运行工艺与养殖管理需要标准化　我国工厂化循环水养殖虽然经历40年的发展，但目前仍缺乏相关技术标准与规范，未形成标准化体系。不同地区、不同企业的养殖技术水平参差不齐，养殖效果和生产性能差异较大；因系统设计不合理、管理不当、水循环与水质指标失控导致系统运行失败的例子比比皆是，一定程度上制约了循环水养殖模式的大规模推广应用。应加紧构建工厂化循环水健康养殖生产技术体系，建立健康养殖生产管理模式，构建节约型工厂化循环水安全高效的养殖工艺和技术标准，通过制定相关标准或规范来构建标准化体系，开展标准化生产示范。

（6）基础研究有待加强　工厂化循环水养殖目前仍然存在些科学认知方面的挑战，包括养殖生物在高密度和特定水质条件下的健康状态、系统运行中生物膜结构的变化及其对水处理效果的影响、主要营养素在系统内的迁移转化规律、固体颗粒物去除的最佳途径及无害化处理等。对这些过程与机制的认识不足也影响到相关技术和装备的发展。

第四章 茌平特色生产模式

茌平区渔业生产狠抓试验实践，在实际生产中总结出来以下几种生产模式。

一、盐碱地鲈鱼养殖综合模式

聊城茌平区位于鲁西黄泛冲积平原，耕地面积为108万亩，其中分布有2万亩盐碱地。本区盐碱地主要有氯化物型、硫酸盐型、碳酸盐型3种类型，其分布规律是沿河成线，靠洼成片，二坡地上多盐碱。山东泰丰鸿基农业科技开发有限公司（以下简称"泰丰公司"）地处茌平区菜屯镇聊夏路东、马颊河沿岸二坡地，是典型的氯化物型盐碱地，水质碱性大（11 mg/L），盐度高（4‰）。为此，泰丰公司积极探索盐碱地养殖综合利用模式，主要有使用微生物制剂（光合细菌、乳酸菌、芽孢杆菌等）调节水质，多开增氧设备曝气，养殖尾水生态处理回收利用，配置先进的循环水陆基养殖池等方式。该模式可改善盐碱地生态环境，能够实现鱼林、鱼果，鱼菜共生、鱼粮双丰的生态友好型环境。

当前我国经济稳步发展，基础设施建设不断扩大，但可利用土地资源逐渐减少。无论是保持耕地"占补平衡"，还是扩大耕地面积、促进农业经济发展，都应优先开发未利用土地，包括盐碱地、沙地等。利用盐碱地发展水产养殖，是高效开发盐碱地土地资源的有效途径之一，既实现了"变害为宝、变废为宝"的目的，有助于修复生态环境，还能增加农民就业机会，带动农民增收。

预计案例周边就能提供就业岗位 200 个,增加农民收入 40 000 元/年。这是一种盐碱地改良新模式,可以有效解决农业生产和盐碱地治理改造中盐碱水出路的瓶颈问题。同时有效拓展水产养殖空间,缓解粮食压力,增加农渔民收入,促进乡村振兴。经过多种形式的养殖,因地制宜开展盐碱地渔业综合开发利用,挖掘提升盐碱地综合利用潜力,提高了盐碱地渔业综合利用成效。把盐碱地变成"聚宝盆",为盐碱地水产养殖高质量发展获得了成功的可复制推广经验。希望上级主管部门加大盐碱地渔业综合开发利用复制推广力度。

1. PO 膜标准化养殖池塘模式

泰丰公司了解到通过控制土壤的水分蒸发就可以减轻盐分的表聚现象,达到改良的目的,于是采用覆盖 PO 膜方式改良土地。泰丰公司有盐碱地类养殖池塘170亩,所有养殖池塘从养殖池底部和立坡一直到塘埂,共覆盖 PO 膜约 14.7 万 m^2。隔绝水体接触到土壤,有效抑制盐分的表聚现象,对土表的水分起到阻隔的作用,有利于降低土表温度,进一步阻挡水分的蒸发,从而改良盐碱化土地。在投放鱼苗前对养殖水体采用暴晒、曝气 72 h,每亩水面泼洒 300 g 微生物制剂等方式调整水体酸碱度,使养殖水体指标达到养殖环境要求指标。养殖密度每亩投放 5 000 尾淡水鲈鱼苗,养殖 8~9 个月即可达到每尾 0.5 kg 的上市规格。

2. 新型陆基圆形养殖池模式

在工厂化车间内和室外平地安装直径 7 m、深 1.4 m 的陆基圆形养殖池 133 个,养殖池外部是玻璃钢或钢板作为支撑体,内部是双面 PVC 涂层帆布专用夹网布原材料养殖袋。可根据场地环境进行灵活定制。养殖池之间相互隔离,避免疾病交叉感染,定向精准处理,减少药物残留。不用考虑盐碱地土质的因素及池塘老化、翻土等问题。使用、拆装简单方便，清洁卫生便于维护，具有环保、气密性好、强度高、经久耐用等特点。养殖密度高，是传统鱼塘养殖密度的10~15倍。每个陆基圆形养殖池50 m³养殖水体，可放养淡水鲈鱼苗2 000尾，按平均每尾0.5 kg上市规格，即每立方米养成鱼20 kg。

3. "三池两坝"尾水处理池

泰丰公司建设了6 700 m³的混凝土养殖尾水处理池，养殖尾水处理池包含"三池两坝"，即沉淀池、氧化曝气池、生态净化池和两道过滤坝及配套机械设备。处理方式是PO膜池塘和陆基圆形

养殖池的养殖尾水经养殖池→沉淀池→过滤坝→氧化曝气池→过滤坝→生态净化池→养殖池后循环利用,该方式节约用水,节省能耗,保护了水资源环境。

4. 工厂化循环水系统养殖车间

泰丰公司建设循环水养殖车间3幢。每个车间2 000 m^2,配套循环水系统生产线2套,安放新型材料制造的圆形养殖池24个,每个养殖池20 m^2,可养成鱼2 000 kg,是外塘养殖的30倍,极大节约了土地空间。

这套循环水系统是采用生物和物理方式24 h自动处理养殖水体,方式是养殖尾水经微滤机过滤残饵粪便(过滤的残饵粪便进入收集器进行发酵,制成有机肥,可用于花草种植),再通过生物包培养菌降解氨氮、亚硝酸盐等有害物,最后通过臭氧和紫外线杀菌消毒后进入到养殖池,真正实现养殖尾水零排放,保护人居生态环境。经该系统处理过的水体清澈见底,水体的各种指标适宜淡水鲈鱼生长环境,车间是全封闭的无菌车间,没有传染源。淡水鲈鱼在此环境中生长,没有病害,无须用药,做到真正的食品绿色安全。

二、池塘内工程化循环流水养殖模式

池塘内工程化循环流水养殖模式是将池塘作为一个循环系统，集设施养殖、池塘养殖、流水养殖和水处理技术于一体的一项新技术，即在池塘中固定几个流水单元池进行高密度养殖，通过机械装置使养殖水体循环流动，并在养鱼池后端设置排泄物收集装置，及时清理鱼体排泄物及其他废物。同时，合理配置大池塘内的生物种类和数量，进行原位处理，实现养殖废水的对外零排放。此项技术是由美国奥本大学的 JesseChappell 等历经 10 余年研发与应用的一项低碳环保、节水节能、高产高效模式。2013 年，由美国大豆出口协会驻上海办事处引进，在江苏省率先进行该模式养殖草鱼的试验与探索，取得了成功。随后又在江苏、安徽、浙江、上海等地推广应用，并取得较好成效。

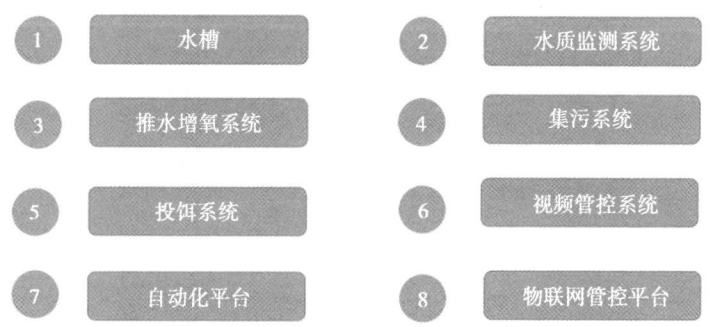

在传统养鱼模式中，一般水塘或者小型水库中的水相对静止：鱼在水中自由活动，而池塘内循环流水养殖模式颠覆了传统，一字排开的养殖水槽两头装着拦鱼栅，前面的"推水增氧"装置使两边塘水 24 h 循环流动，后面的吸污装置则时刻收集鱼粪、残饵，把鱼限制在相对狭小的空间中，而让流动的水不间断地在"跑道"内流过，带来氧气、食物，带走粪便、残渣。推水增氧让一塘静

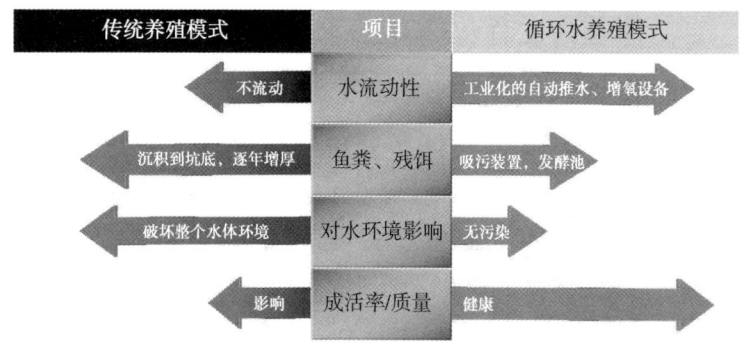

水动起来，养殖过程中产生的鱼粪和残存的饵料，顺着循环水流进入吸污水道，约80%可以被回收制成有机肥，剩下的20%则由已经建成的鱼塘底排污系统收集利用，整个过程零水体外排。外围饲养鳙、鲢等滤食性鱼类，还有浮游生物和水生植物进一步净化水质。

1. 基础设施

（1）环境要求　光照充足，水源充沛，周边无污染源，交通、电力设施便利。养殖环境条件应符合《无公害农产品　淡水养殖产地环境条件》（NY/T 5361—2016）的规定，水源水质符合《渔业水质标准》（GB 11607—1989）的规定。池塘要求以长方形、东西走向为宜，面积一般在 13 340 m（20亩）以上，池深 2.0~2.5 m，埂内坡比 1：（1.5~3），进排水配套完善。

池塘内循环流水养殖系统布局，分为流水养鱼区和循环水净化处理区两部分。流水养鱼区面积占池塘总面积的 1.5%~2.0%，循环水净化处理区占池塘总面积的 98%~98.5%。在池塘中设置导流堤，一端与水槽外墙体相连，另一端距对岸的空宽度应经过流水养鱼区的水槽总宽度，以平顺地引导池塘循环来流。池塘外另设处理池，分为沉淀池和尾水处理池。沉淀水砖混结构池或土池，容积 200 m^3 以上为宜；尾水处理池一般为 10 池，面积为池塘总面积的 10%~15%，池内可种植水生植物，投放适量螺蛳、河蚌等品种。

水槽宜建于池塘长边便于交通出入的一侧，长方形，玻璃钢槽面板采用 3 mm 厚的食品级玻璃钢槽体，采用热浸镀锌方管和胶钢尺寸设计为长 24 m、宽 5 m、深 2~3 m 的水车间，搭设 60 cm 宽的人行通道。沉淀收集槽建于水槽末端，长为并列水槽的总宽、宽为 3~4 m。建造前须平整池底，底部、隔墙、挡墙等主体部分可采用钢筋砖混结构、不锈钢材料或玻璃钢等；推水端与沉淀收集槽底部须加建挡墙，推水端挡墙高度以与气提式推水增氧机的

微孔曝气单元下平面高度持平为度，70~80 cm 为宜，沉淀收集槽挡墙高 60~70 cm。钢筋砖混结构的槽底、隔墙、挡墙的建造应符合《混凝土结构工程施工规范》（GB 50666—2011）、《砌体结构工程施工规范》（GB 50924—2014）的规定。

（2）设备配套　气提式推水增氧装置由数套气提式推水增氧机通过气管串联，对应安装在每条水槽槽体推水端。每套气提式推水增氧机由 1 台 2.2 kW 或 3.0 kW 的旋涡鼓风机或罗茨鼓风机，间距 20 cm 平均分布的微孔管制成 1.2 m×1.05 m 的 4 个微孔曝气单元，与微孔曝气单元呈 350°设置的单片规格为 1.3 m×5.0 m 推水导流板，支架，浮船等共同组成。

底部增氧装置由 1 台 3 kW 旋涡鼓风机或罗茨鼓风机与充气总管、支管和微孔管等组成，微孔管每根长 2 m，每侧 8~9 根，沿槽壁方向平行设置，均匀分布在水槽底部两侧。在距沉淀收集槽 6~8 m 区域不设微孔充气管。

辅助推水增氧装置在池塘导流堤顶端距对岸空挡处设置 1~3 台 2.2 kW 的推水增氧机，并在近水槽推水端上游增设 1 台 2.2 kW 的推水增氧机。

吸污装置由吸污泵、吸污头、排污管、引导轨道、电控箱等组成，将吸污装置安装在水槽末端的沉淀收集槽上，可选择固定安装或可移动的安装方式在水槽末端的沉淀收集槽上。吸污泵功率 3~4 kW 为宜,一端与排污管相连,另一端接入废水沉淀池。

辅助设施有:一是拦鱼栅。将不锈钢网片等绷夹在滤网框上,分别安装在水槽上水口、下水口及沉淀收集槽的插槽内。二是防撞网。将聚乙烯网片等绷夹在滤网框上,安装在水槽上水口的插槽内。网目大小根据放养鱼种的规格进行选择。三是走道。用木板、水泥板或钢板等在水槽上方铺设。

其他如配备发电机、捕鱼设备、水质在线系统和自动投饲机等。智能数据采集器集成了变速器和传感网络,采用智能信息采集与控制技术,具有自动网络、路由选择、自诊断等功能。水质、温度、溶解氧、pH 值、电导率、氨氮、亚硝酸盐等传感器。

2. 放养准备

放养前 40 d 左右,每亩池塘用生石灰 75~100 kg 化浆后全池泼洒,10~15 d 后再往池塘注水,注水口用 60 目绢网过滤,至水深 1.2~1.5 m,并进行设备调试。鱼种放养前 7 d,每亩池塘 1 m 左右水深撒漂白粉 0.6~1 kg 进行全池消毒,待毒性消失后即可放养。

3. 苗种放养

每条水槽放养经人工配合饲料驯化后的大口黑鲈 15 000~25 000 尾,规格 10~20 g/尾。池塘循环区放养规格 150 g/尾左右的鳙 20~30 尾/亩、鲢 70~80 尾/亩。另外,也可搭配适量中华鳖、青虾等名特优水产品。

鱼种放养应选择晴天进行,水温 15℃ 以上为宜。放养时先将鱼种经浓度 2%~3% 食盐水浸泡 5~10 min,然后贴近水面放入水槽内,注意运输水温与水槽水温差小于 2℃。

4. 饲养管理

选择适用于养殖品种的浮性膨化配合饲料,粒径大小根据鱼体大小适时调整。配合饲料安全限量应符合《无公害食品 渔用配合饲料安全限量》（NY 5072—2002）的要求。

鱼种放养 1~2 d 后即可进行驯食。先在水槽近推水端少量投喂，每天 4~5 次，控制投饲速度，以饲料不漂出水槽为度，也可在水槽中部水面设浮杆阻拦饲料，待大部分鱼能上食后，采用"定"原则。即养殖前期每天分别于 6 时、12 时、18 时在水槽上游各投喂 1 次，6 月起每天分别于 6 时、18 时各投喂 1 次。投饲量为各水槽内存塘鱼体重的 1.5%~2.5%。适当控制投饲速度，基本控制在 30~45 min 吃完。具体可视鱼体大小、水温、天气、鱼体吃食和活动情况等适时调整。

5. 日常管理

水位控制：养殖前期保持水槽水深 1.2~1.3 m，中后期逐渐加高水位，直至水槽水深 1.6~1.8 m，高温季节保持水槽高水位。

水槽增氧：鱼种放养前期，以 24 h 不间断开启底部增氧机为主，不开或少开气提式推水增氧装置；待鱼种适应水槽环境后再适时开启气提式推水增氧装置，并保持 24 h 不间断开动。养殖前期可开动其中的 1~2 套，养殖过程中视天气状况逐步增加气提式推水增氧装置开启的数量直到至全部开启。平时可根据水体溶解氧的监测数据和池鱼存塘量适时开启底部增氧机。

水槽吸污：前期每天早晚投料后 1 h 左右各吸污 1 次，每次吸污约 7 min，至吸出污水与池水同色；中后期吸污次数增加至 3~5 次，或延长吸污时间每次 10~15 min；9 月下旬起减少至每天 2 次，具体视吸出来污水的状况而定。

水质调控：可在池塘净化处理区适当种植水生植物、投放适量螺蚌，保持水质肥、活、嫩、爽。每隔 20~30 d，交替泼洒二氧化氯、二氯溴因，或生石灰化浆后泼洒等。视天气、水质和存塘量等适时开机增氧。

巡塘检查：坚持每天早、中、夜巡塘，检查鱼吃食、水质变化和鱼活动情况；注意维护设备，每 15 d 清理 1 次风机进风口、防尘罩、清洗水槽拦网和微孔增氧管等。

日常记录：做好苗种、饲料等投入品和销售的日常记录；定时检测并记录水温、溶解氧、pH值等水质指标；定时检查养殖品种的生长情况测量并记录其体长和体重；做好增氧设备开关机时间、水槽吸污水质调控等管理措施的记录。

6. 捕捞上市

根据鱼体生长情况与市场行情等适时分养或捕大留小上市。

三、大水面网箱养殖模式

养殖区常选择在大水面池塘水域。养殖区环境安静，水质清新，湖底平坦，淤泥较少，水深在3 m以上。

1. 网箱设置

养殖区内网箱应当设置成鱼网箱和鱼种网箱，规格可以设置不同大小，鱼种网箱略偏小一些。成鱼网箱用9股聚乙烯有结10号网片制成，鱼种网箱用20目的被网和无结网片制成。网箱规格为4 m×8 m×2 m，入水深3 m以上。网箱为敞口框架浮动式，采用6分镀锌管焊接网箱框架，呈网格状布置，排列方向与水流方垂直，排与排之间设过道，其上铺设木板以方便工作及行走，下面用铁油桶作浮子。网箱整体采用抛锚及用绳索拉到岸上固定，可随期水位涨落而浮动。网箱迁移时，借助水位变动可用拖船移动。

2. 网箱养殖

购入已驯化好摄食饲料的全长3~5 cm的大口黑鲈"夏花"鱼种，先在鱼种网箱分级培育。因为大口黑鲈鱼种生长快及具有相互残杀的习性，所以此阶段需做好过筛分养，通过将不同大小大口黑鲈鱼种分开饲养，可以减少互相残杀，提高养殖成活率。一般前期每隔7 d左右，用鱼筛过筛分养，后期每隔2周左右，分别用稍大的鱼筛过筛分养，等鱼种体重达到每尾10 g以上后就进行成鱼养殖，也不再需要过筛，以避免过筛影响其摄食生长。

大口黑鲈放养密度与鱼种大小成反比：鱼种规格 4~5 cm 放养 1 000~1 200 尾/m^2；10 cm 规格放养 400~500 尾/m^2；成鱼养殖放养密度为 100~150 尾/m^2。成鱼养殖中，以大口黑鲈为主养鱼种，适当混养几尾规格比大口黑鲈大两倍的鳙或草鱼鱼种，以充分利用残饵和网箱水体空间、净化水质，不另投饵。

3. 饲养管理

大口黑鲈为肉食性的凶猛鱼类，食欲旺盛，生长迅速。根据规格大小投喂不同型号的大口黑鲈专用配合饲料，每天早、中、晚投喂 3 次，约饲养 20 d 后改为每天上下午投喂两次，日投喂量为鱼体重的 1%~6%。定期检查大口黑鲈的生长情况，及时调整投饵量，并做好记录。

四、鱼菜共生生态养殖模式

大口黑鲈，作为一种备受欢迎的食用鱼类，在水产养殖中占据重要地位。而鱼菜共生这一创新的养殖模式，将大口黑鲈的养殖与蔬菜种植相结合，带来了诸多生态、经济和社会效益，正在逐渐成为现代可持续农业的新趋势。

大口黑鲈生长速度较快，在适宜的环境下，幼鱼经过几个月的养殖就能达到上市规格。它对温度有一定的适应范围，通常在 10~30℃ 能较好生长，这也决定了其养殖区域的分布广泛性。大口黑鲈是肉食性鱼类，幼鱼时期以浮游动物为食，随着生长逐渐转变为捕食小鱼、小虾等。在养殖过程中，需要提供富含蛋白质的饲料，以满足其生长需求。

鱼菜共生技术是一种集水产养殖和蔬菜种植于一体的循环农业系统。

鱼类在池塘或鱼塘中养殖，饲料残渣和排泄物会被菜苗作为养分进行吸收利用。同时，蔬菜的根系为鱼塘提供氧气，并吸收水中的氮、磷等养分，降低水质污染，为鱼类提供一个健康的生长环境。

1. 设施选择

鱼菜共生养殖技术常用的设施包括鱼塘或池塘、水循环系统、水生植物和废水处理系统等。鱼塘或池塘最好池底平坦或呈浅锥形，以便保持清洁。在大型系统中，可能需要使用水泵和气泵来确保水体含有充足的溶解氧并流动，从而确保养殖动物和植物的健康。

养殖池：养殖大口黑鲈的池塘需要具备一定的条件，如合适的水深、良好的排水和进水系统等。一般来说，水深在 1.5~2 m 较为适宜，以便大口黑鲈有足够的活动空间。

种植床：种植床可以采用浮床或基质床的形式。浮床适合种植一些水生蔬菜，如蕹菜、水芹菜等；基质床则可用于种植叶菜类蔬菜，如莴苣、小白菜等。种植床内填充有合适的基质，如陶粒、蛭石等，为蔬菜提供生长支撑。

水流循环：通过水泵等设备，将养殖池中的水抽到种植床，让水在种植床中经过蔬菜根系的过滤和吸收后，再回流到养殖池。这样的循环过程保证了鱼和菜之间的物质交换。

过滤系统：为了防止鱼的排泄物堵塞种植床和循环系统，需要设置过滤装置，如物理过滤的滤网、生物过滤的滤材等，去除水中的大颗粒杂质和部分有害物质。

2. 鱼塘管理

鱼塘中要适量投放鱼种，控制养殖密度，建议放养密度为2 500~3 000 尾/亩。

合理投放饲料，坚持"四定"（定时、定位、定质、定量）和"四看"（看季节、看天气、看水质、看鱼吃食和活动）原则进行饲料投喂，并视天气、水温和鱼摄食情况合理调节投饲量及投喂次数。

避免过度饲喂，每天在投喂动物后应观察吃食情况并在第二天投喂时对投喂量作出相应调整。

定期处理池塘底泥，保持良好的水质。

3. 蔬菜种植管理

将适量蔬菜种植在塘中的水生植物箱或浮床上，如 PVC 管浮床和竹子浮床，确保蔬菜根系与水有良好的接触。

蔬菜种植品种根据生长季节和适宜生长温度栽种，例如，蕹菜、丝瓜、苦瓜等夏季蔬菜，4 月下旬以后，水温高于 15℃时开始种植；西洋菜等秋季蔬菜，10 月下旬以后，温度 15℃以上时开始种植。定期施肥和保持适宜的水位，空心菜等蔬菜在株高 25~30 cm 时就可采收，采收周期根据菜的生长期而定，一般 10~15 d 采收 1 次。其他蔬菜根据生长状况适时采收。

4. 水质管理

建立循环水处理系统，包括过滤、曝气、去氨等技术，保持水质清洁和稳定。水是鱼菜共生系统的关键，为鱼类提供生境，是将所有基本营养物质输送到植物的媒介。溶解氧（5 mg/L）、pH 值（6~7）、温度（18~30℃）、总氮和水碱度 5 项主要参数对于观察、记录和控制水质至关重要。

> **注意事项**
>
> 　　选择蔬菜品种应多样化，有利于满足市场需求，构成一个好的生态环境。
>
> 　　种菜的上下两层网片要绷紧，形成一定间距，控制蔬菜向上生长和避免倒伏。
>
> 　　及时收割蔬菜，避免蔬菜腐烂掉到水中，污染水质。
>
> 　　密切关注水质变化，及时监测，尤其是在夏季，防止水质变坏，影响水产品产量。

第五章　主要生产技术

茌平大口黑鲈生产技术，紧紧围绕水产健康养殖"五大行动"开展。水产养殖"五大行动"是指中华人民共和国农业农村部在"十四五"期间组织实施的生态健康养殖模式示范推广、养殖尾水治理模式推广、水产养殖用药减量、配合饲料替代幼杂鱼和水产种业质量提升等水产绿色健康养殖技术推广任务。

一是生态健康养殖模式示范推广行动。行动的目标是推广多种形式的生态健康养殖模式，提高水产品质量和效益。为此，农业农村部组织科研、教学、推广等部门总结提炼各种生态健康养殖模式，形成标准化养殖技术规范。通过宣传培训、交流研讨和现场观摩等方式，该行动致力于促进技术规范进场入户，引导水产养殖者树立生态健康养殖理念，自觉应用生态健康养殖技术，规范养殖生产行为，提高生产经营管理水平。

二是养殖尾水治理模式推广行动。行动旨在推广应用多种形式的水产养殖尾水处理技术模式，促进实现水产养殖尾水资源化综合利用或达标排放。政府支持、企业主体、市场化运作的方针是该行动的基本原则。通过推进各项技术模式集成熟化和改进提升，研究制定适应产业发展需要的养殖尾水治理技术模式标准规范，并结合各地实际情况组织推广应用，该行动致力于减少水产养殖对环境的负面影响。

三是水产养殖用药减量行动。行动的目标是减少水产养殖中的用药量，特别是抗生素的使用量。为此，农业农村部大力推广应用疫苗免疫、生态防控等病害防控技术措施，并深入实施水产苗种产地检疫，从源头降低病害发生率。此外，该行动还加强了疫病监测和预警预报，提高了为水产养殖企业、渔民服务的能力和水平。同时，通过开展水产养殖动物病原菌耐药性监测和指导水产养殖者科学安全用药，该行动致力于减少药物滥用和误用现象。

四是配合饲料替代幼杂鱼行动。行动旨在提高配合饲料在水产养殖中的替代率，减少幼杂鱼的使用量。农业农村部突出重点，因品施策，聚焦大黄鱼、花鲈、鲆鲽类、大口黑鲈、乌鳢和青蟹等幼杂鱼使用量较高的重点品种，组织实施配合饲料养殖示范推广。通过开展配合饲料替代幼杂鱼养殖试验和综合效益分析，研究制定不同品种成熟的饲料配方及可行替代方案。同时，积极引导地方财政资金给予替代企业补助，降低配合饲料使用成本，提升企业参与积极性。

五是水产种业质量提升行动。行动的目标是提升水产种业的质量，助力水产养殖业绿色高质量发展。为此，农业农村部按照《第一次全国水产养殖种质资源普查实施方案（2021—2023年）》部署要求，开展水产种质资源基本情况普查，摸清原种、地方品系、新品种和引进种的种类、群体数量、区域分布和保护利用等情况。同时，以鱼、虾、蟹、贝、藻、参等为重点，持续推进水产原良种生产体系建设，完善基础设施条件，提高良种亲本供种保障能力。此外，该行动还鼓励选育优质、高效、多抗、安全的水产新品种，并加大水产优良品种的推广应用力度。

茌平区通过"种业提升、尾水处理、饲料替代、生态养殖、精准用药"等五大行动生产实践，总结出主要生产技术如下。

一、鱼苗繁育技术

1. 亲鱼选择

在山东省养殖的大口黑鲈性成熟年龄在1整岁龄左右，因而在

大多数情况下秋天收获成鱼时,挑选个体重在 0.6 kg 以上体质健壮、无伤病的大口黑鲈作为预备亲鱼,选好后放入亲鱼池进行强化培育。应从有资质的良种场购买良种亲本用于繁殖鱼苗。如果是从养殖场购买亲本或者自己培育的亲鱼,为避免近亲繁殖,雌、雄亲本最好分别来自不同的养殖场,每天检查亲本的养殖情况,定期抽查亲本的性腺发育状况。

2. 亲鱼培育

亲鱼通常采用专塘培育，选择面积为3~10亩的池塘作为亲鱼池，要求水深在1.5 m左右、池底平坦、水源充足、水质良好，水溶解氧量高、呈中性或微碱性，进排水方便。鱼池选好后，要清塘消毒，注入新水。每到年底收获成鱼时，挑选体质好、个体大、体色好、无损伤、无病害的大口黑鲈作为后备亲鱼，放入专池培育。每亩放养400~600尾，雌雄比例约为1∶1。用冰鲜鱼或配合饲料投喂，每天上午及黄昏各投喂1次，每天投喂量为亲鱼体重的3%~5%，以饱食为度。每隔一段时间可向池中放一些抱卵虾，让其繁殖幼虾供亲鱼捕食，使培育池中经常保持饵料充足，以满足亲鱼性腺发育对营养的需要。

大口黑鲈不耐低溶解氧，易浮头，当池水水质变浓、透明度低于20 cm时，就须及时换注新水。闷热多雨季节，要经常增氧，因为亲鱼浮头会延缓性腺发育。冬季，亲鱼塘要定期冲注清水，保持水质清新，有利于性腺发育。另外，可适当混养少量的鲢、鳙，用于调节水质。产卵前1个月应适当减少投饵料，并每隔2~3 d冲水1~2 h，促进亲鱼性腺发育成熟，必要时还要打开增氧机增氧。2月开始，天气逐渐暖和，气温、水温不断升高，当水温达到适宜的繁殖水温20℃左右时，亲鱼开始繁殖产卵。

3. 人工催产

大口黑鲈繁殖通常是群体自然产卵，在自然水域或池塘养殖的条件下，到了生殖季节，大口黑鲈亲鱼一般都能性成熟，不需人工催产都能顺利地产卵排精，完成受精过程。但当需要有计划地使大口黑鲈产卵时，为达到同步产卵，会给亲鱼注射催产剂促使其集中产卵，增加同批次产卵量。如果在水泥池中培育亲本，大多数会采用人工催产，亲鱼对催产剂效应时间比较长而且不敏感。如果对大口黑鲈进行人工授精的话，要么挤不出卵来，要么挤出来的卵受精率极低，很难准确地把握产卵时间。目前有苗种场对池塘中培育的亲鱼进行人工催产，促进亲鱼提早产卵，尽早获得大口黑鲈鱼苗，赶早销售鱼苗。催产时，挑选雌雄个体大小相当者配对，比例为1∶1。常用催产剂为促黄体素释放激素A（LHRH-A2）和地欧酮（DOM），混合使用。通常每千克雌鱼单独注射 5 μg LHRH-A 和 2 mg DOM，雄鱼则减半。视亲鱼的发育程度做一次性注射或分两次注射，两次注射的时间间隔为24 h，第一次注射量为总量的50%，第二次注射余量，或者每千克体重增加1 500 IU的绒毛膜促性腺激素（HCG）合并注射，注射方式为胸腔注射，注射部位为亲鱼胸鳍基部的无鳞凹陷处，注射时以针头朝鱼体前方与体轴呈 45°~60°角刺入，深度一般为1 cm左右，不宜过深，否则会伤及内脏。

一般成熟的亲鱼在催产第三天开始产卵，鱼巢可直接铺放在池塘四周浅水区，或用竹子悬挂固定使其保持在约0.4 m的水深处。鱼巢可用棕榈皮制成，规格为30 cm×25 cm左右。每天安排人员检查产卵情况，产卵后要每天安排人员将受精卵收集到水泥池进行孵化，拣卵时要轻步慢行，不能把塘水搅浑。连续2 d没有发现卵的鱼巢要重新放置。

4. 鱼苗孵化

（1）孵化设备　繁殖季节到来之前，要根据生产规模准备好产卵池。产卵池可分为两种：一种为水泥池，通常要求面积为10 m²以上，水深40 cm左右，池壁四周每隔1.5 m设置一个人工鱼巢。人工鱼巢可用棕榈皮或尼龙网等制成。尼龙网鱼巢是在粗铁丝框上缝上窗纱，规格一般为50 cm×40 cm。棕榈皮鱼巢可直接放在池底，规格为30 cm×25 cm左右。每2~3 m放入1对亲鱼。另一种为池塘，以沙质底斜坡边的土池比较理想，面积宜为4~8亩，水深0.5~1 m，池边有一定的斜坡。池水的透明度为25~30 cm，溶解氧量充足，最好在5 mg/L以上。每亩可放亲鱼200~300对。鱼巢可直接铺放在浅水区或用竹子悬挂使其保持在约0.4 m的水深处。产卵放入亲鱼之前需用药物彻底清塘除害。亲鱼入池后要保持池塘和周围环境相对安静。经过若干天后，就可发现池四周有雄鱼看护的鱼巢中黏附很多受精卵，把受精卵捞出洗净即可进行人工孵化。

（2）孵化时间　大口黑鲈的催产效应时间较长，当水温为18~23℃时，一般注射激素3 d后开始发情产卵。开始时雄鱼不断用头部顶撞雌鱼腹部，当发情到达高潮时，雌雄鱼腹部相互紧贴，此时开始产卵受精。产过卵的雌鱼在附近静止片刻，雄鱼再次游近雌鱼，几经刺激，雌鱼又可发情产卵。大口黑鲈为多次产卵类型，在一个产卵池中，可连续数天见到亲鱼产卵。

在自然水域中，大口黑鲈繁殖有营巢护幼习性。雄鱼首先在水底较浅处挖成1个直径为60~90 cm、深为3~5 cm的巢，然后雄鱼引诱雌鱼入巢产卵，雄鱼同时排精。雌鱼产卵后便离开巢穴觅食，雄鱼则留在巢边守护受精卵，不让其他鱼接近。

大口黑鲈受精卵为球形，淡黄色，内有金黄色油球，卵径为1.3~1.5 mm，卵产入水中卵膜迅速吸水膨胀，呈黏性，黏附在鱼巢上。受精卵一般在水泥池中孵化，这样更有利于孵出的仔鱼规格整齐，避免相互残杀。孵化时要保持水质良好，溶解氧最好在

5 mg/L以上，水深0.4~0.6 m，避免阳光照射，有微流水或有增氧设备增加水中溶解氧能大大提高孵化率。在原池孵化培育的应将亲鱼全部捕出，以免其吞食鱼卵和鱼苗。

> **注意事项**
>
> 大口黑鲈人工繁殖过程中也会存在一些问题，应加以注意，具体如下：
>
> （1）卵子受水霉感染　3月上旬至中旬这段时间天气变化频繁，卵子会因遇寒流水温突然降低而引起水霉感染。另外，水质不好、鱼巢未彻底消毒也是原因之一。在水泥池中集中孵化时，鱼苗孵化出膜后会落入池底，此时最好将粘有卵膜的棕榈片从孵化池中取中，防止上面长满水霉，破坏水质。
>
> （2）卵子完全不受精或受精率低　主要原因是亲鱼不够成熟或营养不足，卵子和精子质量差；雌雄个体大小悬殊，发情产卵时配合不佳；发情产卵时受外界干扰。

5.胚胎发育过程

大口黑鲈孵化时间与水温高低有关。水温为17~19℃时，孵化出膜需52 h；水温为18~21℃时需45 h；水温为22~22.5℃时，则只需31.5 h。刚出膜的鱼苗半透明，长约0.7 cm，集群游动，出膜后第三天，卵黄被吸收完，就开始摄食。

二、反季节繁殖技术

1.亲鱼挑选

挑选体质健壮的亲鱼，进行营养强化培育，采用大棚或室内能够调节温度的水池，配备微孔增氧，确保溶解氧充足、水温可在15~25℃进行调节。亲本培育池在使用之前要进行消毒，有净化设施，确保养殖用水符合标准。

2. 亲本营养强化

放入亲鱼后逐步调整培育池水温至25℃，使用人工配合饲料及冰鲜鱼搭配投喂进行亲本营养强化，饲料投喂至亲鱼不再抢食为止。每次投喂，应先投饲料后投冰鲜鱼，确保亲鱼都能吃饱，以满足亲鱼性腺发育对营养的要求。营养强化持续进行20 d。

3. 低温刺激性腺发育启动

营养强化完成后，逐步降低培育水温，每天降低1℃，直至水温降到15℃，并维持1周，模拟越冬环境，以刺激亲鱼性腺启动发育。降温期间根据亲鱼摄食情况进行投喂。

4. 升温促进性腺快速发育

大口黑鲈性腺发育启动后，每天升温0.5℃，当升温至20℃时，亲鱼摄食量增大，维持水温在20~22℃，继续强化投喂，此时亲鱼性腺快速发育。继续培育约30 d，亲本性腺接近成熟，此时可以注射激素进行催产。

此种方法能打破季节限制，实现大口黑鲈在任何季节的繁殖产卵后培育过程与普通大口黑鲈大规格苗种培育一致，低温季节必须在温室内进行，以确保苗种的成活率和生长速度，这样在春季就能获得大规格早苗进行放养，实现提早上市。

三、池塘鱼苗培育技术

鱼苗培育阶段是大口黑鲈整个养殖中难度最大、技术性最强的阶段，其中关键环节是驯化，决定着养殖能否成功。驯化好的可提高鱼苗的成活率，加快鱼苗的生长速度，为后期养殖奠定好的基础。大口黑鲈鱼苗孵出后第三天，卵黄囊消失，即摄食浮游生物，便进入鱼苗培育阶段。常规的鱼苗培育主要在池塘中进行。由于室外土塘受自然环境因素影响很大，一旦受到严重的自然灾害影响，损失将无法估量。此外，土塘病原种类多，苗期发病较为频繁，药物处理难度大，疫病难以控制。近年来，越来越多的苗种场采用室内水泥池培育鱼苗，有的采用工厂化循环水养殖车间培育鱼种。以下详细介绍池塘育苗中的主要技术环节。

1. 池塘条件

成鱼养殖池塘培育大口黑鲈"水花"是常见方式，池塘水深 1.0~1.8 m，水源充足，水质好，不受污染，面积宜小、不宜大。经过多年养殖或者淤泥很厚的鱼塘首先要进行清淤和晒塘。鱼的排泄物、残饵和生物尸体等有机物沉积池底，加上池中的有机碎屑、死亡的藻类、枯死的水草和沉积的泥沙等，会造成池底老化，

池塘越来越浅。这些污染源若不及时清除，随着养殖时间的延长和水温的不断升高，会加速分解，既消耗池塘中的溶解氧，又产生各种有害物质。清淤的最好方法是用推土机将塘底过厚的淤泥推走，这样既能把池底污物推走，起除污作用，又能增加水深，进而增加放苗量和产量。

晒塘是指在每年养完大口黑鲈后，把池塘水排干或抽干，让池底暴晒龟裂、发白。这样可杀死部分病原体，并可改良底质。沙质底池塘，经过烈日暴晒，人赤脚在池底走感到烫脚时，则效果很好。晒塘效果对肥水（培养轮虫、枝角类和虫类等饵料生物）有较大影响。如果池塘底质是泥质，晒塘彻底后肥水时培养的水色呈茶色，以硅藻为主；而不晒塘或存有积水的鱼塘，培养的水色是绿色，以绿藻为主。茶色水比绿色水更好，特别是养殖前期。在清淤和晒塘过程中，应同时做好池塘的堵漏、堤坝的维护、闸门的安装和检修工作。

2. 放苗前准备

（1）清塘 清塘是指在放苗前，利用药物杀死池中的敌害生物、病原体（病毒、病菌）和各种寄生虫等。清塘时间由放苗时间决定，清塘时间在放苗前 10~15 d 最好。清塘药物以成本低、效果好、操作方便为原则。常用药物是茶麸和敌百虫，茶麸的使用量为 20 kg/亩，敌百虫的使用量为 1 kg/亩。水深以 10 cm 最佳，以刚把池塘底全部淹没为宜，如果池塘不平坦，应适当加深些。

具体方法：湿法清塘。如果是使用茶麸和敌百虫清塘，先计算好两者的用量，然后把茶麸倒到船上加水溶解，随后将敌百虫捣碎，加水溶解，并倒到船上，与茶麸混合搅匀，即配即洒。尽量选择晴朗天气，以提高药效。清塘后要检查药效。有的养殖户贪便宜，可能买到伪劣产品，不能把鱼虾等敌害生物杀死。出现这种情况的，应重新购买优质产品，重新清塘。一般情况下，使用茶麸和敌百虫，在施药 30 min 左右，鱼虾等敌害生物即出现异常现象：浮头、游塘继而死亡，这表明清塘成功。如果在 24 h 后，仍发现有鱼虾正常个体，则表明清塘失败，要重新清塘。用茶麸和敌百虫清塘时，池水不要排走。茶麸和敌百虫的失效时间是 3~5 d。有的养殖户怕茶麸和敌百虫有毒，影响鱼生长，便把这些池水排走，再进新鲜水，这是多余的，因为茶麸溶液有肥水作用，可减少肥水用的肥料，节约成本。

（2）肥水　肥水的主要目的是为鱼苗提供饵料，肥水时间取决于放苗时间，放苗时间取决于水温。要统筹安排放苗时间、清塘时间、肥水时间，并留有余地。肥水应在放苗前 15 d 左右、清塘后 2~3 d 进行。肥水物质以完全溶解于水、没有余留为原则。目前，市面上肥水物质众多，效果也不同。使用花生麸肥水，每天每亩水面使用千克，将花生麸放入桶中加水（浸泡成糊状），加 EM 菌（按花生麸重量的 5% 使用），密封后发酵 1~2 d 再全池泼洒。尿素和过磷酸钙也是良好的肥水剂，使用方便，价格适宜。用鸡粪肥水的鱼塘，鸡粪残留在池塘，留下隐患，会污染底质和水质。肥水后良好的水色是黄褐色、褐色和绿色，透明度为 10~20 cm。

具体方法：在未肥水前，必须准确了解天气状况，选择在有阳光的上午进行，雨天不能施肥。一次灌入池水深1.5 m左右，一次性肥水。肥水时，肥料泼洒越均匀越好。为此，在溶解肥料时，尽可能多地加水稀释，这有利于均匀泼洒。通常在施肥后6~8 h池水已开始变色，透明度开始降低，24 h后水色变化非常明显 48 h后可达到预期效果。如果池塘晒得好，没有积水，水色常呈黄褐色，以硅藻为主；如果池塘有积水，池水无法排干或晒干，水色常呈绿色。

（3）水质检测 放苗前必须进行水质检测。放苗前1 d用小容器取鱼塘中层水，放入小鱼苗，若24 h后没有死亡，则水体毒性已消失，可放苗；否则，应解毒后再测试。检测水质的适宜指标为：pH值7.0~8.5，氨氮浓度小于0.8 mg/L，亚硝酸盐浓度小于0.05 mg/L，中层溶解氧不低于5 mg/L，底部溶解氧不低于4 mg/L，若不符合标准，应调整后再投苗。

（4）增氧 大口黑鲈喜欢动态的环境，特别是在摄食时饲料动起来对其会更有吸引力。选用增氧机时以叶轮式为主，如果配合使用涌浪机和水车则效果更好。在养殖中后期保持1~1.5台/亩，白天开一半，晚上全开。

如果池塘面积偏大，驯食饲料前往往先在池塘中设置围网，鱼苗捕起来后放在围网中进行驯化。应选择在投料位置处用密网围出一定的面积，具体大小可根据鱼的数量酌情调整，底部用泥封好，不能有破损。

（5）试水 试水是指在放苗前，把鱼苗场培育的鱼苗拿回养殖池或标粗池，试验鱼苗生长状况和水质状况。若试验结果显示在24 h内或更长时间鱼苗生长正常，则可以放苗。试水可采取两种方式进行，一种是在养殖池或标粗池内建1个0.5 m×0.5 m×1 m的网箱，网目要30~40目；另一种是用1个大盆，放少许鱼苗，放苗密度尽可能疏。如果育苗池与养殖池距离很远，如相隔几百千米，甚至是几千千米空运，取鱼苗试水不现实，则可在当地取些小鱼试水,会取得相同效果。

3. 放苗密度

放苗密度与养殖模式、养殖条件、养殖环境、管理水平等有关。一般鱼塘养殖条件好,设施齐全、管理水平也高,放苗密度比一般池高。放养密度为15万~30万尾/亩,具体视鱼塘的肥瘦程度而定。

4. 鱼苗下塘

何时放鱼苗主要由温度决定,但由于各地的温度变化不同,应把温度与本地区实际情况结合起来,决定放苗时间。为此,应在保证鱼苗安全的前提下,安排放苗时间。如果单纯从水温来说,以水温稳定在20℃以上最好。放苗时间应避开容易发病的季节,也应考虑捕捞时间,以能卖到好价钱。提早放苗的话,大口黑鲈头批鱼一般价格较好。建议根据具体实际养殖情况、技术水平、管理经验等来确定养殖模式以及放苗时间。

鱼苗运到塘头后,把鱼苗袋放在设定的放苗地点浸泡30 min左右,然后用水温计测定鱼苗袋内水温与池塘水温,两者水温温差相近或相同时即可放苗,温差不能超过2℃。鱼苗下塘前几分钟,泼洒维生素C和葡萄糖,以提高鱼苗适应新环境的能力。放苗时,先把袋口解开,让池塘水慢慢流入鱼苗袋内,然后轻轻提起袋角,让鱼苗自由游入鱼塘,这个动作重复几次。健康的鱼苗放入鱼塘后,立即潜入水中,不见踪影。如果是不正常鱼苗,会浮头游塘,遇到这种情况,要检查成活率,并做好补苗的准备。

5. 鱼苗驯化

大口黑鲈开口饵料是池塘中肥水培育的浮游生物,一般摄食时间为2周左右。若浮游生物量少,饵料不够,鱼苗会沿塘边游走,此时需从其他肥水池塘中捞取浮游生物来投喂。待鱼苗体长为1.5 cm以上时,开始转入驯化阶段,使其摄食配合饲料。驯食前1 d,将鱼苗集中转入池塘边缘面积为15~100 m的网围中进行驯化摄食配合饲料。

设定1个投喂点,在投喂点架设潜水泵,驯食时打开泵进行冲水,使鱼苗形成定点定时摄食的条件反射。第一天全天投喂从池塘中捕捞的浮游生物(主要为轮虫、枝角类和桡足类等);第二天将捞取的浮游生物与配合饲料按重量比5∶1搅拌均匀后进行投喂;第三天将浮游生物与配合饲料的重量比减少到1∶1并搅拌均匀后进行投喂;第四天和第五天将浮游生物与配合饲料的重量比例减少到1∶3并搅拌均匀后进行投喂;第六天后投喂配合饲料中不再添加浮游生物。每天驯化时间需达8 h左右,驯食周期为5~10 d,待鱼苗全部到投喂点摄食为宜。

如果鱼苗驯化池塘面积偏小,建议可以在鱼苗下塘池塘中直接驯化,不需要再独在池塘中设置围网,等下塘的鱼苗摄食池塘中的浮游生物完全后,立即补充投喂冰冻的虫卵。具体方法为在池塘中挂1个筛子,将冰冻的虫卵快速放在筛子中,慢慢融化的虫卵进入水中时就会吸引成群的鱼苗过来摄食,不仅可以保障鱼苗饱食,而且还可防止鱼苗因饥饿而互相残杀,提高鱼苗的成活率,促使鱼苗在固定的摄食点摄食,便于驯化配合饲料时使鱼苗集中过来摄食,形成条件反射。

6. 过筛分级

驯食成功后每天早晚各投喂1次,按照鱼体总重量3%~12%进行饲料投喂。投喂的饲料要适口,饲料颗粒大小应根据鱼苗的规格实时调整。进入鱼苗培育阶段,池塘面积适宜为3~5亩,水深1~1.5 m,排灌方便,溶解氧充足。清塘消毒后每亩水面放3 cm左右夏花鱼苗3万~4万尾,鱼苗长至5 cm时,放养密度适宜为1.2万尾,而10 cm左右的鱼苗放养密度适宜为5 000~6 000尾。实践证明,采用分规格过筛稀疏养殖密度的培育方法是提高大口黑鲈鱼苗成活率的重要措施。鱼苗体长规格达到8 cm之前,互相残杀现象较为严重,应根据鱼苗的生长情况用鱼筛及时进行分级,每7 d拉网过筛1次,将大小规格相差较大的鱼苗分开,规格相近的鱼苗集中饲养,过筛后水体及时消毒,预防擦伤感染,待鱼苗规格达到8~10 cm即可分塘养殖商品鱼。

7. 日常管理

(1) 分期向鱼塘注水　鱼苗饲养过程中分期向鱼塘注水是提高鱼苗生长率和成活率的有效措施。一般每5~7 d注水1次,每次注水10 cm左右,直到较理想的水位,以后再根据天气和水质,适当更换部分池水。注水时在注水口用密网过滤野鱼和害虫。同时,要避免水流直接冲入池底把池水搅浑,应将1块防水膜放在抽水管的出水口下面。

(2) 避免自相残杀　大口黑鲈弱肉强食、自相残杀的情况比较严重,生长过程中又易出现个体大小分化,当饵料不足时,更易出现大鱼食小鱼的情况,因此要做到以下几点:同塘放养的鱼苗应是同一批次孵化的鱼苗,以保证鱼苗规格比较整齐。

培苗过程中应及时拉网分筛、分级饲养,特别是南方地区,放苗密度高,需要过筛的次数也多。当鱼苗长到3 cm左右、鳞片较完整时,就要拉网捕起分筛,分为大、中、小3级。

定时、定量投喂,保证供给足够的饵料,以保证全部鱼苗均能吃饱。大口黑鲈食欲旺盛,幼鱼日摄食量可达自身体重的50%,必须定时、定量投喂,使鱼苗个体生长均匀,减少自相残杀,提高成活率。

(3) 巡塘　坚持在黎明、中午和傍晚巡塘,观察池鱼活动情况和水色、水质变化情况,发现问题及时采取措施。

四、室内鱼苗培育技术

1. 蓄水塘的水处理

培育鱼苗前需要对蓄水塘中的水进行净化处理,用于车间水泥池培育鱼苗所用。进水最好是选择在晴天抽水,用60目的过滤

网袋将进水口套住,以防野杂鱼进入蓄水塘。进水后选择在傍晚时用漂白粉 10 mg/L(或者其他氯制剂)全塘泼洒并且开启增氧机(如在棚内则需要通风透气),翌日再用生石灰 20 mg/L(春夏季加茶麸 20 mg/L,冬季不加茶麸)全塘泼洒,并且曝气增氧(第二天)。泼完生石灰 48 h 后使用有机酸 2 mg/L 全塘泼洒进行水体解毒,继续曝气增氧。解完毒 20 h 后用碳酸氢钠(10 mg/L)全塘泼洒,然后视水质情况选择光合菌、EN菌、菌砖、芽孢杆菌、乳酸菌、有机酸等其中的 1 种或多种混合适量使用(菌种与活力碳提前混合泼洒),视天气情况,最好 7~10 d 补充 1 次,曝气备用。

2. 放苗前的车间准备工作

(1)清洗育苗池 拆除所有的气管、气石、纳米盘,用浸有洗洁精的毛巾擦洗干净。用洗洁精溶液泼洒育苗池全池(池壁和池底)先用拖把擦洗 1 遍,再用菜瓜布或浸满洗洁精溶液毛巾,将池壁池底、加温管擦洗干净。最后再用清水将池子和走道冲干净。下班前用甲醛 100 mL 兑 1 桶 15~20L 的水,然后沿池壁池底均匀泼洒,晾干备用。

(2)进水 一般每个池进水 35 cm,持续曝气 20 h 后放水花,进水的池数视水花总量而定。水质指标:pH 值 7.5 左右,氨氮 0.2 mg/L 以下,亚硝酸盐 0.05 mg/L 以下。

（3）打底　放苗前 0.5~1 h 将维生素 C（1 mg/L）和葡萄糖（5 mg/L）充分溶解后全池泼洒并曝气。

3. 放水花

先测量水温，温度保持在比水花的装袋温度高 3℃ 以内。把运回来的水花放到放苗池停留 10~20 min，等袋内水温与苗池水温一致后解开苗袋把水花缓慢放入池中，放出来的水花如果成堆的话，则需要用轻微的搅水方式使水花分散开。放苗密度为 15 万~20 万尾/m³。

4. 鱼苗开口阶段

鱼苗开口阶段分为摄食丰年虫阶段和摄食冻虫阶段。

（1）摄食丰年虫阶段　自己培育丰年虫，摄食时间约为 3 d。放苗后升温的速度每天不超过 3℃，升到 30℃ 后保持，要求在上下 1℃ 浮动。

第一天，丰年虫投喂量按水花体重的 30%~50%，分 5~6 餐投喂。第二天，丰年虫投喂量比前 1 d 增加 20%，下午加水 5 cm。第三天，丰年虫投喂量比前 1 d 增加 20%，下午加水 10 cm，加水后泼洒 EM 菌或乳酸菌。

（2）摄食冻虫阶段　第一天，丰年虫投喂量保持不变，工作时间按 4 餐投喂，其他时间段以驯食冻虫为主。第二天，丰年虫投喂量减少 20%，尽量以驯食冻虫为主。第三天，丰年虫投喂量再减少 20%，尽量以驯食冻虫为主，正常的话有 50% 的鱼苗可以吃冻虫，吸污后转池。转池时抽样测量鱼苗体重，不需要过筛分规格。第四天，丰年虫投喂量减少 50%，下午下班前投喂，全部鱼苗都可以吃冻虫吃得很饱。

5. 驯化摄食配合饲料

鱼苗开口 10 d 后可以驯食配合饲料，第一天停喂丰年虫，以喂冻虫为主，可以适当地驯食一点粉状饲料。第二天以投喂冻虫为主，继续驯食粉状饲料。第三天以投喂冻虫为主，继续驯食粉状饲料，正常情况下会有一半的鱼苗会吃粉状饲料。第四天开始冻虫逐步减量，尽量以喂粉状饲料为主。正常情况下第七天可以停喂冻虫，鱼苗全部可以吃粉状饲料。根据鱼苗生长情况适时过筛、分稀并转膨化饲料，正常经 30 d 培育可达到 0.5~1 g/尾。

6. 日常管理

为了保持水质清新，达到鱼苗的正常摄食和生长，鱼苗池的日常换水工作是必不可少的。

（1）检查温度　首先必须检查鱼苗池和备用水的温度是否接近，尽量不要超过 3℃。

（2）检查排水的工具　在排水之前需要检查好排水网箱和排水管是否有破洞，以防鱼苗被排出池外。

（3）苗池排水　在排水前还要检查池中是否还有未吃完的丰年虫，如果还有，就要等鱼吃完后再排水，或者是错开排水的时间点，安排在投喂丰年虫之前进行排水，以减少饵料浪费。

（4）加水　苗池的水排到指定的水位后，就需要尽快用同温度的水加回到原来的水位上，千万不能水位排低后长时间不加水，这样容易造成鱼苗浮头或出现其他问题。加完水之后要检查插管是否漏水以及氧气含量是否正常。

（5）检查鱼苗状态　新水加入苗池后，相当于给鱼苗换了环境，所以加水 30 min 后要巡查鱼苗的摄食和活动状况是否正常。如果发现异常应马上采取相应的方法处理。

7. 鱼苗出池销售

（1）出苗前 1 d 的准备　检查电子秤是否有电，盆、桶、筛、吊水池等工具是否完好齐全；公布翌日出苗信息；确认鱼苗的各项指标合格，安排出苗批次顺序；确认客户是否过来提苗；打扫、整理好苗棚，将待出的鱼苗转到出苗池吊水；出苗前 1 d 下午开始停料和降温。

（2）出苗用水准备　出苗前 1~2 d，必须把出苗用水准备好，用处理好的淡水在固定池子中调配出苗水。出苗水必须与吊水池的温度一致，室外自然水温超过25℃时，出苗用水水温与室外自然水温相比需要降低2~3℃，若室外水温低于23℃，出苗用水水温可以与外界水温一致或稍低。

（3）出苗流程　苗车装水，苗车到场里后先将苗车清洗干净、消毒，然后将前1 d准备好的水用水泵抽到车厢里；检查氧气；装完水之后第一时间打开氧气罐，在鱼苗装车前一定到车上再次检查氧气含量是否符合要求。提高鱼苗抗应激能力。上苗前将维生素C（1 mg/L）泼入水体以提高鱼苗的抗应激能力。

打规格。将吊水池的鱼苗取1~3 kg过秤后清点数量打规格时最好让客户一起参与，规格数据出来之后按计数规格称重装车。

鱼苗装车。把吊水池斗池里适量的鱼苗轻柔快速地赶到斗池的一端，然后用易漏水的筛篮或箩筐视鱼苗的规格一次将2~5 kg鱼苗舀到过磅处的盆中，等计数人员读数后再迅速将鱼苗传递上车。

发车检查。发车前还需要再次到车上检查水中的氧气以及鱼苗活动状况是否都正常，鱼苗没有异常后可放行。

鱼苗跟踪。鱼苗发车后需要预估到达的时间，到达后1~2 h最好与客户联系问一下鱼苗的状态。

8. 车间育苗常见病害防治

（1）水霉病防治　水体水霉较多，大口黑鲈鱼苗一旦搬动过筛则会因损伤造成水霉病发生，一旦暴发则很难控制住。可采取以下方法进行防治：用有效氯1 mg/L进行消毒处理，或渔用复合亚氯酸钠（俗称塘毒清）10 mg/L进行消毒处理，溶解后投放在曝气盘上任药物自由扩散。

（2）寄生虫病害防治　对于寄生虫用有效氯10 g/m^{3}即可杀灭，对于虫卵则先用150~200目筛网将水过滤至蓄水池，然后再用300目网过滤至车间苗池。利用过滤方法基本上可避免寄生虫虫卵随水体进入车间。

(3) 内服保健　采用鱼苗专用饲料+乳酸菌+保肝类产品进行投喂，主要作用为保肝健肠。

工厂化循环水车间育苗与传统土塘育苗比较，在自然环境影响方面，传统土塘因在室外受自然环境因素影响很大；工厂化循环水车间育苗由于在室内，各种条件因素均在可控范围，自然灾害对车间生产影响很小。在病害方面，工厂化循环水车间中相对封闭的养殖空间能有效地隔离病害和控制病原侵袭，大大降低了养殖过程中病害暴发的风险。

大口黑鲈传统育苗以土塘为主，从水花下塘到 10 g 规格（5 cm）鱼种大概持续 2 个月，对养殖的管理要求非常精细，且受天气影响大、可控性差、病害多发等，致使土塘育苗成活率低（10%~20%）。近年来，在春季进行大口黑鲈育苗的结果都不太理想，主要是受雨水和气温骤变的影响，导致病害暴发。目前，引起鱼苗死亡的最严重的疾病是行业内所说的"熟身病"，主要在驯食阶段暴发。"熟身病"的初期症状为鱼苗体色泛白，像被煮熟的样子，随着病情的发展，会出现白尾烂尾症状，该病感染性强、死亡快、死亡率高。也有部分池塘呈慢性感染，感染率不高，但发病周期长，陆续死亡，损耗率也较大。育苗期的其他病害对苗种也会造成大的损耗，总体育苗的成活率低。

相比传统土塘育苗，工厂化循环水育苗具有可控性强、喂料方便、成活率较高等优势，育苗成活率可达 40%~50%，但成本比土塘要高。近年来，一些鱼苗场开始尝试摸索工厂化循环水培育大口黑鲈鱼苗技术，育苗技术将会越来越成熟，工厂化循环水标粗将是今后大口黑鲈育苗的发展趋势。

9. 温度恒定

在育苗生产过程中需要使水温保持在大口黑鲈适宜的生长温度，持续稳定的水温可以保障鱼体保持相对恒定的温度。在一年四季循环的设备中，水温直接影响鱼的养殖密度。在一般情况下，工厂化循环水养殖鱼池选择直接抽水,并且使温度不要超过35℃。

10. 控制病菌

大口黑鲈的养殖一般都采用高养殖密度,有效控制基本的病害是必需的。先将鱼苗放入暂养系统中,然后对循环水系统中主要病害进行检测,在确保安全的情况下才能将鱼苗放入循环水系统中。

11. 水质稳定

测定池水中钙镁离子含量,如果不在合理范围内,调高盐度或使用补钙镁的产品调节。测定氨氮、亚硝酸盐、pH值是否在合理范围内。通常情况下,利用水质仪表来测量pH值、盐度以及温度。测试符合要求,才能开始放苗。如果水体中氨氮或亚硝酸盐含量过高,则适量控制饲料的投喂量,然后更换部分新鲜水,每次更换10%~20%,并增加循环系统的水量或循环次数。

五、成鱼池塘养殖技术

1. 池塘准备

一般鱼塘面积5~10亩,底部平坦,底质以泥为主,淤泥厚度<20 cm，埂岸及池底不渗漏。鱼塘深2.5～3.5 m，进水后水深控制在2～2.5 m，进水、排水分开增氧能力可设计在1.5 kW/亩以上。电力充足，交通道路便利，进料、出鱼相对方便。

鱼种放养前20～30 d排干池水，充分暴晒池底，然后注水60～80 cm。一般用漂白粉以15～20 kg/亩的量消毒，接着持续开增氧机3～5 d。视天气水温而定，气温越高，时间越短，搅动池塘底泥，使其充分氧化。池塘消毒1周后加水至1.3～1.5 m，使用生石灰按40～50 kg/亩的量调节塘底酸碱度。待水质稳定后，经放鱼试水证明无毒性后，方可放养体长10 cm左右规格的鱼种。

2. 苗种投放

选择经过检疫的优质苗种放养。据统计，在相同养殖条件下，摄食人工配合饲料的大口黑鲈鲁鲈1号的生长速度比普通品种平均提高17.1%。大口黑鲈鲁鲈1号易驯食人工配合饲料，驯食时间明显缩短，驯食成功率显著提高，平均亩产提高18.3%，饲料系数为0.89～1.13，养殖成活率为89%以上，养殖经济效益高。

以养殖大口黑鲈为主，套养鲫鱼、鳙鱼、白鲢等品种，一般4—5月放苗，规格为3～5 g/尾，投放密度8 000～11 000尾/亩。

套养 100~250 g 的鲢鱼 10~20 尾/亩、鳙鱼 30~50 尾/亩，50~100 g 的鲫鱼 200~400 尾/亩。

3. 饲料投喂

全程以投喂颗粒配合饲料为主，饲料中粗蛋白含量需达 40%~50%。每天投喂 2~4 餐。投喂频次根据不同的规格和天气、水质等条件进行调整。投喂过程遵循"慢、快、慢"的原则，投喂至大部分鱼不上水面抢食时为宜（表1）。

表1 成鱼养殖阶段投喂参考

鱼体重	饲料档次及粒径	投喂质量占鱼体重的比例	日投喂餐数
5~10 g	粗蛋白含量 44%~50%，粒径 1.2~2.0 mm	5%~10%	3~4
10~50 g	粗蛋白含量 44%~50%，粒径 2.0~3.0 mm	4%~6%	2~4
50~150 g	粗蛋白含量 44%~50%，粒径 3.0~5.0 mm	3%~5%	2~3
150~250 g	粗蛋白含量 40%~48%，粒径 5.5~7.0 mm	2%~4%	2~3
250~500 g	粗蛋白含量 40%~48%，粒径 7.5~10.0 mm	2%~3%	2~3
大于 500 g	粗蛋白含量 40%~48%，粒径 11.0~13.0 mm	1%~2.5%	1~2

4. 水质管理

高密度养殖中为了维持水质稳定，日常不换水，主要通过调节菌藻平衡、碳氮平衡等进行水质调控。在此过程中，氨氮、亚硝酸盐浓度易升高，一般亚硝酸盐浓度控制在 0.2 mg/L 以下。亚硝酸盐偏高对于大口黑鲈的危害明显（红身、出血，甚至中毒），每年都会发生亚硝酸盐浓度偏高导致鱼大量死亡的问题。一般采用微生态制剂、水产用碳源等快速降低亚硝酸盐浓度，同时辅以增氧改底措施，并泼洒有机酸解毒增效。水混浊易导致水体溶解氧含量低、鱼吃料差，此时可采用絮凝法或生物法净水。如果有必要换水，需要对引入水的水质进行检测以防带入外源病原或污染物。

5. 病害防控

定期采用益生菌和保肝护胆类、免疫增强类保健剂拌料投喂，增强鱼体质。养殖过程中定期进行肝脏护理，规格在50 g/尾以上，每10 d内服1次护肝中草药、维生素等，增强鱼的免疫力。在大口黑鲈养殖过程中，除虫害问题外，虹彩病毒病、诺卡氏菌病、烂鳃、肠炎等问题也高发，建议养殖户要及时查看体表、肝、脾、肾、肠、胃等情况，检测病毒，分离细菌，提前发现问题，及时处理。

6. 出塘

一年基本出鱼2~3次。普遍在9—11月出头批鱼，规格为450~550 g/尾，可出鱼存塘量的25%左右；规格400 g/尾，可出鱼存塘量的20%左右，之后出塘时间根据市场需求情况定。一般饲料系数为1.1左右，亩产可达2 500 kg，亩纯利润1.2万~2.2万元。

部分地区采用池塘内循环养殖模式，即在水槽中养殖鲈鱼。此种养殖模式下控制好推水速度，合理投料，水质往往非常稳定，而且长时间处于流水状态下的鲈鱼，肉更加结实，泥腥味轻很多，品质非常好。一条标准水槽养出5~8 t大口黑鲈。该养殖模式目前在山东、江苏、浙江等地应用比较多。随着养殖技术发展，出现了大口黑鲈池塘工程化循环水养殖模式，大口黑鲈1 000 kg，亩效益万元以上。池塘内循环养殖模式能够改善水质，实现零排放、零污染。

六、池塘养殖的四季管理

每年的2—4月，天气变化无常，乍冷乍热，时而艳阳当空，气候温和宜人，时而出现春雨绵绵的天气，这个时候可能遇到温差变化很大的困境。因此，必须在气温突然下降的初期，就应立即采取措施，例如定期加水，保持较高水位，防止水温剧烈变化。

5—7月的夏季,从5月起,天气渐渐热起来,水温也逐渐升高,要注意保持水温适当。到了8—10月的秋季,秋高气爽,这时天气以晴朗为主,秋风徐徐而来,原先较高的水温逐渐回降到适宜大口黑鲈生活的温度,此时鱼的新陈代谢加快,表现为游动活跃,食量大增。食物的喂饲量应有适当增加,让鱼吃饱。由于这个季节是大口黑鲈食欲最旺盛、生长最快的时期,饵料应该多用些蛋白质含量高的配合饲料。秋天一过就到冬天,11月至翌年1月这段时期,天气寒冷,经常冷至0℃以下,水温随着气温的下降而急剧下降,此时的鲈鱼不再活跃,行动缓慢,食量也随之减少。在寒冬季节,当水温降至0℃时,大口黑鲈极少活动,食欲也大为减退,此时应尽量设法提高水温,使大口黑鲈保持一定的进食量,不致因体质过分衰弱而发生鱼病。在这段时间内还要减少换水和清除污物的次数,投饵量也不可减得太多,且要考虑投喂最容易消化的食物。

1. 春季管理抓"五要"

春季管理是一个系统又是关键的过程,概括地讲就是抓好"五要"。

(1) 一要熟悉掌握春季大口黑鲈的状态　冬去春来,万物复苏,季节的轮回使气温、水温日渐回升,大口黑鲈的活动状态也开始逐渐由弱到强,当水温达到14℃以上时,大口黑鲈开始活动摄食,进入正常的生长发育阶段。此时应注意,大口黑鲈越冬后体质相对比较虚弱,各种因素对它的影响显得敏感,应激反应等方面要密切关注。

(2) 二要全面了解春季大口黑鲈池水环境　大口黑鲈池越冬后,水体的下层必然会积聚较多的亚硝酸盐、氨氮等有毒、有害物质,水质不很理想。同时,春季气温明显回升,降水量也明显增多,经常出现多云及雨天,光照不足,气压较低,冷暖空气比较活跃,温度起伏变化较大,常有寒潮和强冷空气影响。

(3) 三要超前做好大口黑鲈的投饲管理　春季大口黑鲈的投饲的关键就是"早开食"。投喂次数根据季节递进，由少渐多，每次投喂频率为"慢-快-慢""少-多-少"，并坚持"定时、定位、定质、定量、定人员"。当水温达到 10～13℃ 时，鱼开始少量摄食，此时应及时进行投饵，尽快补充越冬后大口黑鲈的营养，加速其生长，增强其体质。具体投饵量要依据天气、水温，以及大口黑鲈的摄食活动情况而定。所投饲料要选用正规厂家的品牌产品，必须符合营养、卫生质量等相关标准。具体情况可以参考：池水表层温度达 10～13℃ 时每 5 d 投饵 1 次；池水表层温度达到 14℃ 以上时，每 1～2 d 投饵 1 次。日投饵量掌握在总体重的 1%～2%。半个月以后，每天 11—14 时各投喂 1 次，日投饵量掌握在总体重的 2.5%～3%。

(4) 四要加强水质管控工作　保持大口黑鲈池水的良好环境，是促进越冬后的大口黑鲈提早开食、恢复体质、延长生长期、提高增强抗病能力和成活率的关键。此时，应注意加注新水。开春后，池塘水温达到 13℃ 以上时，每 7～10 d 注入新水 1 次，每次 10～15 cm，既能补充鱼塘水量，淡化毒物，增加溶解氧，又能提高水温，促进池养大口黑鲈早活动、早摄食、早生长。随着水温升高，大口黑鲈吃食增多，可逐渐加深水位。若水质严重老化，应该换掉一半以上的老水，再等量注入新水。施用有益菌等微生态制剂，曝气、增氧。

(5) 五要树立"无病早防"意识，扎实做好鱼病预防　多年的经验证明，鱼一旦得病，治愈的可能几乎为零，但发现病鱼后抓紧用药，可控制病菌的扩散传染，以防健康的鱼感染。即便如此，池鱼也要伤亡很多，且水体环境受到严重破坏，面临二次污染的危害，所以，必须树立"无病早防"意识，从预防入手，防患于未然。定期进行全池消毒、食台局部消毒。食台每 15 d 进行 1 次用药预防。用药量为全池用药量折合局部面积用量的 10 倍。合理的中草药内服。

2. 高温季节大口黑鲈养殖关键技术

夏季气温高，水质变化快，是大口黑鲈容易得病的季节，水质调控至关重要。

(1) 一要科学控制水质，保持池水透明度　夏季水温高，水质变化快，加之投喂施肥量较大，鱼类摄食旺盛，排泄强，极易污染水质。鱼塘氨氮含量增加，水中溶解氧减少速度加快，水的肥度也迅速增加。因此，应适当提高水的透明度（控制在20~30 cm），保证水质不过肥，防止池塘缺氧浮头。可通过补水使鱼塘水保持一定数量的浮游生物，以提高浮游植物的产氧值，减少"水呼吸"耗氧。

(2) 二要注重池塘的补水和排水　补水对水体的"肥、活、嫩爽"起着重要的作用。具体是每两天补水1次，补水量要视鱼塘的水质指标而定，氨氮含量较高、水太肥（透明度低于25 cm）时要多补。补水应在清晨3~4时进行，因为此时鱼塘水中的含氧量最低，鱼塘耗氧量达到极点，此时补水效果最好。排水的目的是使鱼类的排泄物、饲料残渣以及氨氮含量高的下层水排出，以减少夜间水中的耗氧量，从而防止水质恶化，相对增加溶解氧含量。排水的最佳时间应选择在夜间至清晨。此时，水中的溶氧量低，且水中分层现象明显，水底层因有机腐殖质、排泄物底泥等耗氧，已经处于无氧状态，排出底层水对养殖水体最为有利。有条件的池塘每周可排水3次，每次排水量应为鱼塘总水量的1/20，且每半月可以大排1次（约占鱼塘总水量的1/5），并在排水的同时对投饲场所进行冲洗。

(3) 三要注意生石灰的应用　生石灰除了普遍应用于鱼塘清塘消毒外，在高温季节对改良和调节水质有着十分重要的作用。一般1~2 mg/L浓度最好，每半月施用1次，用量为20 kg/亩。施用生石灰既能消毒水体，杀灭病毒、细菌等病原体，又可调节水质，提供鱼类适宜的硬度、碱度及缓冲能力，对淤泥较多的鱼塘，还可促进有机质的矿化，并能置换出浮游生物繁殖所需要的营养元素。

（4）四要科学使用增氧机　增氧机使用准则是晴天中午开机，阴天清晨开机，连绵阴雨天要半夜开机。傍晚不开机，鱼类浮头早开机。对肥水池塘，在晴天中午开机 1 h，便能将上层高溶氧水体转到下层，从而促进底层水"氧债"提前偿还，这在一定程度上减轻或消除了鱼类缺氧浮头的威胁，杜绝鱼类泛塘事件的发生。开动增氧机的时间长短也大有讲究，闷热天气开机时间要长，凉爽天气要短；半夜开机时间要长，中午要短；施肥后开机时间要长，不施肥时要短；风小时开机时间要长，风大时要短。注意晴天时不能在傍晚开机，因为在傍晚时，浮游植物的光合作用几乎停止，此时水体溶氧分层明显，底层水体"氧债"负荷大，如果此时开机，则使水体上下层对流，整个水体溶解氧迅速下降，更加容易引起池塘半夜缺氧，造成泛塘。

3. 北方地区大口黑鲈安全越冬关键技术

水温在 3~38℃时，大口黑鲈都能生存。就算是在表层结冰的越冬期间，也可以在水温为 3~4℃的池塘下层水体中安全越冬。水在 4℃时密度最大，这是水的基本物理特性。因此，当冬季气温和水温缓慢下降，向 4℃靠拢时，表层水的密度增大，在重力的作用下沉到池塘的底部。当气温和表层的水温低于 4℃继续下降时，表层水的密度降低，一直在水体的表层，直至结冰。这样，在水温的持续下降中，就保证了水温在 4℃时的水沉降在池塘底部。水的这特性，为大口黑鲈的安全越冬创造了极为有利的条件。

在表层水温低于 4℃时，大口黑鲈由于求生的本能，会到水温在 3~4℃的水体下层活动。由于越冬期间水体分层的形成以及水体透光率的原因，大口黑鲈越冬期间栖息的水体下层光照强度低，光合作用产氧能力低，加上池塘底质有机物分解对于溶氧的消耗，下层水易出现缺氧。

（1）越冬池塘的条件　水深越冬池不结冰的水体水深应在 2 m 以上，以利于越冬期间水体分层的形成。越冬期间，应注意越冬池内水深的变化，及时补水。池塘底部淤泥的厚度以 10~15 cm 为宜，底质严重恶化，淤泥深度大于 20 cm 的池塘不适宜作为越冬池塘使用。因淤泥中的有机质对溶氧的消耗，越冬后期容易出现水体缺氧。水源越冬池最好邻近养殖场水源或利用周围的池塘储水，以备必要时为越冬池补水。水源的水质要符合养殖用水标准，如果使用井水等地下水，要设法先增氧曝气，以提高其氧含量。

（2）原池越冬前的底质处理　大口黑鲈生存的基本条件包括适宜的水温、水质和溶氧水平。由于越冬阶段，大口黑鲈的投喂量极少，产生的代谢产物及残饵对水质的影响也有限，对水体底层水质的影响主要来自池塘的底质。经过 1 年的养殖，池塘底部积聚大量的残饵和粪便在越冬期分解大量消耗水体底层的溶氧，一旦水体底层的溶氧不能满足大口黑鲈基本生存的需要，大口黑鲈出于求生的本能，就会游到上层溶氧相对充足但水温相对较低的区域，造成鱼体冻伤。同时，底泥有机物厌氧分解产生的硫化氢、亚硝酸等有毒的中间产物会首先进入与底泥相接触的底层水体，造成大口黑鲈的体质及免疫力下降。因此，利用原塘并池越冬应在越冬前做好底质的处理，在水温低的季节，可以使用过氧化钙等颗粒增氧片和过硫酸氢钾等氧化型底质改良剂进行改底。

（3）越冬前鱼体处理　越冬期间，由于养殖水环境的变化，进入越冬的鱼如果体质较差或者本身的病害问题未能及时处理，其抗应激能力差，越冬过程中就容易出现比较高的死亡率。因此，越冬前必须仔细观察鱼体，最好打样解剖检查，以便及时发现病害。对于肝胆有不同程度的病变、体质较差的鱼，需要及时投喂肝胆利康散，或者板黄散+免疫多糖，或者水产专用多维制成的药饵进行保健，增强鱼的体质及抗应激能力。

(4) 越冬过程中的溶氧管理　越冬池封冰后,冰层的覆盖阻碍了水体和空气的气体交换,水中的氧气主要来源是靠浮游植物的光合作用。因此,保持水中一定数量的浮游植物可以不断补充水中的氧气,满足越冬大口黑鲈的需要。越冬池注水时,应保证水中有一定数量的浮游植物,注入部分含浮游植物多的肥水,作为引种之用。如果越冬池水质清瘦,可以施用少量肥水产品提高水的肥度,施肥时间不宜过早,最好在临封冰前进行,以免藻类过早繁殖。透明度应保持在 30~50 cm,浮游植物过多和过少都不好,浮游藻类过少,则水体的光合作用强度和产氧能力不足,导致越冬期冰下水体缺氧;藻类过多,则夜间呼吸作用耗氧过大,导致水体夜间溶氧过低,均不利于越冬。

此外,越冬期间,为增加冰的透光率和冰下水体光合作用的产氧量,下雪过后需要及时清扫或破冰。如果越冬期间水体的浮游藻类少,光合作用产氧不足,还可以使用相关的冰下增氧设备,但是需要注意增氧的水层,不能对大口黑鲈栖息的下层水体直接进行增氧,以免曝气增氧过程中带入的冷空气造成下层水体水温的下降。

越冬期间还可以采取开冰眼进行补水增氧等操作,提高水体的溶解氧。对于水体不结冰、越冬期间表层水温在 0~4℃的越冬池冬季还可以使用增氧机械和定期使用化学增氧剂进行增氧,但不使用涌浪机等促进水体上下层强对流的机械,以免打破水体分层造成底层水温的下降。减少养殖水体溶氧的消耗可用两种方式:一是减少浮游动物的耗氧。剑水蚤和轮虫较多时,为减少耗氧可用 0.5 mg/L 含量为 80%的晶体敌百虫进行杀灭,或者使用吸虫宝进行处理。二是越冬前及时对养殖水体进行处理,特别是那些有机质多、水质过于老化的水,越冬前通过使用 EM 菌等微生物制剂分解水体中的有机质或者适当换水,减少水体中有机质积累,降低越冬期水体中有机质分解耗氧。

(5) 越冬前后的投喂管理　由于越冬期间，大口黑鲈基本不再摄食，维持机体生命活动完全依赖于机体自身存储的营养物质，过早停料会导致体重下降过快，体质变差，造成越冬过程中的抗应激能力下降，体质变差。为保证越冬期间大口黑鲈生理活动正常的营养需求，越冬前应投喂营养均衡的优质全价配合饲料，饲料的投喂应一直延续到水温在 6~8℃ 及其以下，大口黑鲈基本停止摄食为止。

当水温低于15℃时，大口黑鲈的摄食量急剧下降，建议每天中午投喂 1 次即可。越冬前，很多养殖户都有"保膘"的心理，为了减少越冬期鱼的掉膘，投喂量比较大。但是需要注意的是，越冬前期也不宜过量投喂，否则会导致大口黑鲈的摄食量超过维持机体正常生理活动的需求，导致大口黑鲈出现营养代谢相关的疾病，抗应激能力下降，越冬期死亡率偏高。

越冬化冰之后，冰上的积雪融化的雪水以及积雪中的有害物质进入养殖水体中，需要进行解毒后再进行投喂。经过漫长的越冬期，大口黑鲈机体的营养物质不断被消耗，体质下降，此时投喂量应该逐渐加大，不能突然加大，避免大口黑鲈消化系统短期不适应而造成的消化不良。

七、循环水养殖技术

循环水池塘的形状很多，有圆形、椭圆形、弧角方形、截角方形等，材质上有水泥、帆布、地膜、PC 等，很多加盖大棚、遮阴篷等。这种方式不仅便于生产计划、生物安保、尾水处理等管理，还能消除季节影响和"连作

障碍",既具有高产高效的优点,又稳定了环境,且整体投资不算很大,因此成为行业近年来主要发展方向。

养殖场选建在周边没有工业或者生活垃圾污染、水源好的地方,要有自己的污水净化池。一般净化池和养殖池的面积比例是1∶5至1∶3。养殖场的电力、道路便利。水深一般在1.5~2.0 m,水体体积为50~100 m。为了便于操作,很多池底下面挖深,池沿高出地面70~120 cm,在地下铺设管道。池底一般设计成内凹,角度在20°~75°,以45°居多。

苗种必须经过检疫,不携带虹彩病毒、弹状病毒、诺卡氏菌等主要病原。苗种常用质量分数为2%~5%的食盐溶液浸洗5~10 min消毒,一般投放11 g(60~100尾/kg)以上规格的鱼苗可以保证早养成、早上市。鱼种放养时,规格要力求整齐,体长偏差最好不超过3 cm,否则投喂饲料的规格难以掌握,而养殖出池规格差异会更大。可以通过逐级分池的办法提高养殖效率。投放数量按照设施条件设计,一般不进行混养。目前,大口黑鲈循环水养殖每立方米水体产量可达200 kg,一般在100 kg。

(1)投料量控制 是循环水养殖日常管理的主要手段。所谓投料量控制,即按照规格不同逐渐改变投料量和高质量饲料级别。一般体重小于25 g时,控制所投饵料质量在鱼体重的5%~8%,体重为 25~50 g 时控制所投饵料质量在鱼体重的 4%~5%；体重为 50 g 以上时，所投饵料质量为鱼体重的 2.5%~4%，具体也要根据水质、摄食情况等进行调整。

（2）保证水体高溶解氧　一般要求控制在 5~12 mg/L，3 mg/L 是低限警戒线，而溶解氧含量太高则会增加料比。因为投苗密度高，后期养成率高，鱼对水体溶解氧要求也非常高。一般在池塘周边设置底增氧，周围进出循环水，使水体能形成涡流或旋转流动起来。这样一方面可以增强鱼体质，使肉更紧实而提升口感；另一方面可以将残饵、粪便集中到池中间，利于集中排污。

（3）排污　是工厂化养殖的核心工序之一，有原位处理、异位处理，有微滤机过滤生物球过滤、毛刷池过滤、干湿分离等方式。一般每晚排污 1 次，每月排换 4 次水，生物处理池每 5~7 d 补充活菌，及时分解池中的残饵和粪便。排污、换水和生物处理的频次主要依据水体中氨氮和亚硝酸盐的含量来调整。日常应采用生物安保措施防控病害发生，严格人员、物品进出和清洁管理。加强苗种进入检疫和日常检疫，目前检疫项目主要包括细胞肿大虹彩病毒、传染性脾肾坏死病毒、弹状病毒和诺卡氏菌。一般每两周进行 1 次抽样检查，包括体重、体长等生长情况和体表、鳃、内脏健康状况。工厂化养殖需要科学安排生产计划。按目前市场周期规律来看，第 1 期养殖冬季放养苗，翌年 2—3 月养成上市时正值春节前后，鱼价较高。接着第 2 期放养大规格夏花鱼种，到年底养成的商品大口黑鲈鱼上市。如果养殖管理跟得上，第 2 期商品鱼能在中秋、国庆节前后赶在市场大鱼缺乏空档期上市，价格可观，养殖周期比常规缩短了半年，经济效益显著。

八、"三池两坝"尾水治理技术

在现代水产养殖蓬勃发展的浪潮下，养殖尾水的治理问题日

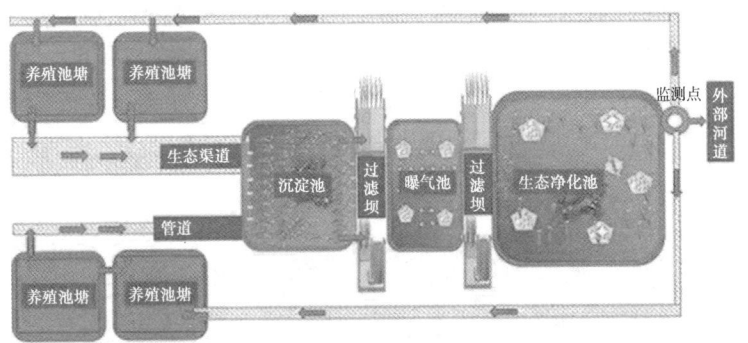

益凸显。"三池两坝"尾水治理模式提供了高效且环保的方案,在众多养殖区域发挥着重要作用,守护着水域的生态环境。

"三池两坝"模式的核心在于构建 1 套科学的尾水处理系统。首先,养殖尾水会被引流至沉淀池,这里是处理流程的起始站。沉淀池通过设置"之"字形挡水设施,巧妙地减缓水流速度,让尾水中的悬浮物有足够的时间沉淀至池底,就如同在水流中设置了一道天然的滤网,初步净化水质。

经过沉淀池的初步处理,尾水会流经过滤坝。过滤坝采用空心砖或钢架结构搭建外部墙体,并填充陶粒、火山石、细沙等多种滤料,形成一道物理过滤屏障,进一步拦截和吸附水中的细小颗粒物,确保进入下一环节的水质更加清澈。

随后,尾水进入曝气池。曝气池内安装有大量的曝气头,通过罗茨风机等设备向水中注入充足的氧气,使水体中的有机物在好氧环境下加速分解,转化为无害的二氧化碳和水,同时提高水体的溶氧量,为后续的生物处理创造良好条件。

接着,尾水会再次经过一道过滤坝,进行二次过滤,进一步去除残留的杂质和污染物,确保水质更加纯净。

最后,尾水进入生物净化池和洁水池。生物净化池内种植着伊乐藻、苦草、铜钱草等多种水生植物,同时放养鲢、鳙、河蚌等滤食性水生动物。水生植物通过吸收水体中的氮磷等营养物质，实现生态循环利用，而滤食性动物则以水中的藻类和有机碎屑为食，进一步净化水质。洁水池则起到稳定水质、涵养水源的作用，确保处理后的尾水达到排放标准或可循环利用的标准。

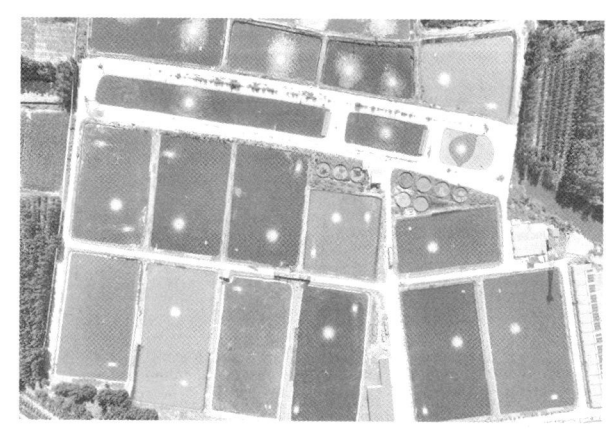

"三池两坝"尾水治理模式具有诸多显著优势。它能够高效去除养殖尾水中的有机物、悬浮物、氮磷等污染物，使水质得到明显改善，减少对周边水体的污染，保护水域生态环境。同时，该模式具有较强的适应性和稳定性，能够在不同规模和类型的养殖区域应用，并且在面对不同水质和水量的变化时，依然能够保持良好的处理效果。此外，通过合理设计和运行，还可以实现尾水的循环利用，提高水资源的利用率，降低养殖成本。

在实际应用中，"三池两坝"模式也需要注意一些关键问题。例如要定期对设施设备进行维护和检修，确保其正常运行；及时补种死亡的水生植物，保持生态系统的完整性；根据水质变化情况，灵活调整运行参数，保证处理效果。同时，还需要加强对养殖过程的管理，减少尾水的产生量和污染物浓度，从源头上减轻尾水治理的压力。

九、饲料替代野杂鱼技术

2021年，农业农村部深入推进实施水产绿色健康养殖技术推广"五大行动"，推进配合饲料替代幼杂鱼相关工作，取得显著成效。2021年参与实施配合饲料代替幼杂鱼行动的各试验基地配合饲料替代率平均达到77%，其中，养殖大口黑鲈配合饲料替代率达到94%，试验基地周边养殖者也逐步接受使用配合饲料养殖这一理念。

一是通过在泰丰公司建立试验推广点，进行配合饲料替代幼杂鱼的技术试验示范，以取得新的进展。

二是优化配套技术：制订配合饲料替代幼杂鱼的试验技术方案，并优化相关的配套技术，以提高替代效果。

三是遴选养殖主体：选择生产管理规范、试验创新意识好、辐射带动能力强的养殖主体作为试验推广点，以便更好地推进替代工作。

四是全程试验指导：组织相关养殖企业与饲料企业做好对接，选择合适的饲料企业作为供应单位，并指导养殖企业制定配合饲料替代幼杂鱼的养殖技术措施。

1. 驯食

在进行饲料化养殖之前，需要对养殖鱼类进行驯食，这一过程要循序渐进，避免饵料替换一步到位，以免影响鱼类生长。

2. 环境改良

在鲈鱼饲料化代替野杂鱼饲养的过程中,水体环境的改良也能促进鲈鱼饲料化养殖的进程。

3. 育种与制种

利用鲈鱼等转食性良好的品种,这些品种投入养殖生产当中,可以降低鲈鱼饲料化养殖的难度。

4. 营养学研究

饲料企业、研究人员需要不断地去完善饲料配方,使营养水平能够完全适应鲈鱼生长的需要。

及时进行试验情况分析,总结不同配合饲料厂家品牌、不同营养参数的替代应用效果,并评估配合饲料替代成本,评价配合饲料替代养殖品种的营养。

综上所述,饲料替代野杂鱼的做法涉及多个环节和技术要点,需要综合考虑养殖品种的特点、饲料配方的研发、养殖环境的管理以及养殖技术的创新等方面。

第六章 病害诊断与防治技术

大口黑鲈的常见寄生虫、病毒病和细菌病共有十几种,特别是病毒病曾给养殖者带来了巨大的经济损失,例如溃疡性病毒病的致死率高达60%。

近年来,随着科技进步和无公害健康养殖的实施,药物滥用现象得到有效监管,病害防控效果成效显著,水产品质量安全逐步得到有效保障。

一、病害诊断

1. 养殖环境检查

影响鱼类健康的环境因素主要有水温、水质、底质等。鱼类是变温动物,体温随外界环境变化而改变。当水温发生急剧变化时,机体容易由于无法及时适应而发生病理变化乃至死

亡。一旦有病害发生,首要的是确定大体原因,如判断是感染性病原(病毒、细菌寄生虫、真菌等)还是条件性病因(水质、营养)等引起。这需要对池塘环境和设施进行了解。例如堤坝上草木稀疏、矮小,可能提示土质贫瘠、水体内营养缺乏;堤坝上树木过于高大密集,会影响水生植物光合作用,水质易出现问题;

池边飞鸟聚集，一定是已发生或即将出现死鱼现象，需要尽快处理。

春、秋季一般是鱼病高发期，而夏季高温，鱼病往往发生在暴雨前后水环境变化较大的时候。因为鱼类生活在水中，所以很难及时发现其疾病的产生、发展，发现时往往已经开始死亡。一般情况下，在鱼病诊断时，首先要对水质状况进行检测。经过检测，判定水质良好，才可以判定病因可能是病原生物感染。日常池塘管理中也应如此——发现养殖鱼类有异常，首先检测水质。如果水质存在某些问题，应首先根据具体情况对水质进行相应的改良处理，同时采取相应的疾病治疗措施。水质管理要遵循以下程序。

（1）观察水色和浮游植物的变化　水色是水质状况的直观表现。几乎所有水质化学指标和浮游植物的变化都会通过水色的变化表现出来，而水色的每一种变化都有特定的原因。因此，要注意观察水色的变化，掌握水色的变化规律和日常变化动态。技术人员要对各种情况下水色的变化做到心中有数，一旦发现异常，尽早采取水质改良措施。

（2）观察鱼类活动状态　鱼类活动状态与水质状况有密不可分的关系，水质的变化，特别是水质突变，会引起鱼类异常的行为反应。轻度水质变化，会引起溜边、游动缓慢、不吃食等现象；水质突变时，会引起浮头、泛塘死亡、中毒、游塘、池底死亡等现象。一般情况下，当水质变化至不适于生存的程度时，鱼类首先会出现浮头的现象。

（3）检测水质化学指标　日常池塘管理过程中，除了关注以上两个方面的变化外，还应定期对水体 pH 值和氨氮、亚硝酸盐溶解含量等化学指标进行检测，以掌握水质变化的动态。通过连续检测水体化学指标，可以掌握水质的变化动态，判断水质是否符合鱼类正常生长发育的要求。

（4）正确诊断，并采取正确的水质调控措施　在以上3方面分析的基础上，要根据水质变化的原理，综合判断引起水质变化的原因，并采取相应的水质调控措施，使水质保持适宜鱼类正常生长的状态。

2. 外观检查

观察发病鱼的体形、体态、体色、完整性。观察体形，判断有无脊椎弯曲、鳃盖缩短等畸形；观察体态，判断鱼体是否增大、消瘦；观察体色，判断鱼体表是否发黑、发白、发黄、充血等；观察鱼的完整性，主要是看体表有没有脱鳞、溃疡、烂尾、烂鳍、肉瘤、寄生虫等。

（1）皮肤　皮肤是鱼体外部的屏障，是覆盖机体最大的器官，往往是细菌、病毒、寄生虫、真菌等病原攻击的靶向器官，也是较容易出现病理表现的器官之一。黏液是鱼体的第一道防线，在鱼类抵抗外来病原入侵中起到重要作用，所以一般黏液中含有引起皮肤病变的病原。检查黏液的时候，首先观察鱼体的黏液是否增多或者减少。然后用棉签或者剪刀刮取一点黏液放在滴有清水的载玻片上或者直接用载玻片刮起，盖上盖玻片，轻轻敲打，制成涂片，在显微镜下观察其中是否有寄生虫、真菌等。

（2）眼睛　眼睛是裸露在外的器官，也很容易成为病原的靶向器官，所以眼睛会出现很多病症。一般观察鱼眼眶是否有出血点，眼球是否凹陷，眼球晶状体是否混浊、水肿、有白内障等。

（3）口咽腔　可以直接用剪刀撑开或者直接用手打开口咽腔，观察内部的情况。主要是检查口咽腔是否有寄生虫，是否充血红肿，有无溃烂、包囊和发黑情况。口咽腔的寄生虫包括锚头鳋、扁弯口吸虫、鱼怪等。

（4）其他　颌下、腹部、鱼鳍、鳍基部等处无鳞片或鳞片较少，容易受到病原的附着、侵袭而出现红肿、溃疡等病理性症状。而且这些部位由于皮肤较薄，表面毛细血管丰富，充血、出血、溶血等症状容易观察。特别是肛门，检查是否红肿，是否有腹水流出，可以作为预判是否发生肠炎等内脏器官病变的辅助手段。

3. 鳃丝检查

鳃作为鱼类重要的呼吸器官和排泄器官，表面积大，毛细血管丰富，裸露频繁，所以也很容易成为病原的靶向器官而表现出明显的病理性症状，容易观察。

肉眼观察鳃丝是否发红、发白、发黑、红肿，是否糜烂、残缺，有无附着物，黏液是否增多以及有无寄生虫。做鳃丝水浸片，在显微镜下进行检查。用镊子或者手掰开鳃盖，用剪刀剪1~3片鳃丝片放在有清水的载玻片上，用剪刀或者盖玻片将鳃丝分散，盖上盖玻片（注意不要出现气泡），轻轻敲打，使鳃丝组织形成薄薄的片层。做好水浸片后马上检查寄生虫、真菌、藻类、血窦等的存在情况。

4. 腹腔检查

腹腔里有诸多器官。解剖的时候一定要注意，别破坏内脏器官。解剖时，从泄殖孔开始，沿腹中线剪开，直到口边缘。这时把鱼放在解剖盘中，左侧朝上。左手拉腹壁，从肛门斜朝侧线剪开，至侧线则沿侧线向前剪到鳃盖后缘，再沿鳃腔下剪至腹中线，取下整块腹腔壁肌肉，让内脏器官整体暴露出来，同时尽量避免外部污染。

（1）腹水　观察腹腔是否有腹水积液、淤血，是否出血、积液的颜色。一般来说，单纯的病毒、寄生虫感染不会出现腹水，只有感染细菌才会出现腹水。腹水的颜色发红，表示感染的细菌有溶血性，感染性比较强；腹水呈黄色则表示细菌感染性弱。

（2）内脏　在实践生产中，容易从表观观察到病变的器官有肝脏、脾脏、肾脏、肠、鳔等。观察肝脏、脾脏、肾脏等实质性器官是否肿大、发炎、淤血、充血、出血，是否有溃疡、包囊、结节或者变质等临床病变；观察肠道充塞度如何，是否发红充血、出血，是否肿胀发炎，肠壁厚薄，绒毛膜多少，褶皱多少，是否有黄色或者红色的黏液，是否有寄生虫，前后肠的变化等情况；观察鳔壁上的血管是否充血，鳔内是否有寄生虫。

此外，要检查脂肪组织的多少，是否有充血、透明、变色等症状；系膜是否粘连增生、脂肪变形等。

（3）肌肉　肌肉较其他的器官质地紧密，相对不容易感染。解剖时，用剪刀从鳃盖的后端插入，沿着两侧中线剪开，用镊子等辅助，将鱼皮整块剪下。观察肌肉颜色的变化，有无溃烂、充血现象，有无出血点、结节、肉芽肿、寄生虫等。

二、药敏试验及其注意事项

在水产养殖中，药敏试验已被广泛应用于各种水生动物的疾病治疗。例如当鱼类发生细菌性疾病时，可以通过药敏试验从多种备选药物中准确找到有效的药物，并确定最佳使用剂量。这不仅提高了治疗效果，还减少了药物残留和对环境的污染。

药敏试验在水产养殖精准用药中具有重要作用。通过药敏试验，可以精准选择药物、优化药物剂量、监控耐药性变化，从而提高治疗效果、减少药物浪费和环境污染。未来，随着科技的进步和药敏试验技术的不断创新，药敏试验将在水产养殖中发挥更加重要的作用。同时，也需要加强人才培养、简化试验方法、提高结果反馈速度等方面的工作，以推动药敏试验在水产养殖中的广泛应用。药敏试验，全称为药物敏感性试验，是在离体条件下测定病原菌对不同药物的敏感性，从而为科学选择药物提供依据。在水产养殖中，药敏试验具有以下重要意义：一是精准选择药物。通过药敏试验，可以了解病原菌对哪些药物敏感，从而精准选择有效的治疗药物，避免盲目用药。二是优化药物剂量。药敏试验可以测定病原菌的最小抑菌浓度（MIC），从而确定最佳用药剂量，既保证治疗效果，又减少药物浪费。三是监控耐药性变化。通过药敏试验，可以监测病原菌耐药性的变化，为新药研发和药物使用策略的调整提供依据。

2019—2021年在山东泰丰鸿基农业开发有限公司开展了3年的大口黑鲈鱼的药敏试验，筹建了药敏实验室，开展精准用药试验，取得了显著效果。用药量减少了30%，病死率降低80%，并推广实施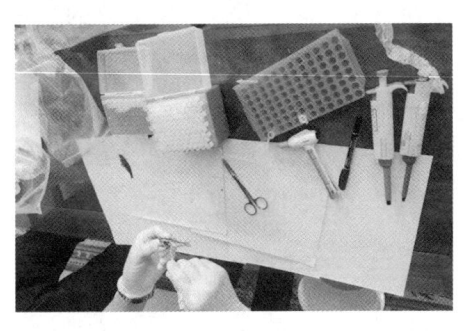到全区全市。实践证明，水产养殖中的精准用药药敏试验是确保养殖效益、减少药物滥用、保护水生生态环境的重要措施。

1. **药敏试验的流程**

水产养殖中的药敏试验通常包括以下几个步骤。

（1）病样采集　从患病水生动物体内采集病样，如病灶组织、体液等。

（2）致病菌分离与培养　对采集的病样进行致病菌分离，并进行纯培养，以获得足够的致病菌数量。

（3）药敏试验　将致病菌与多种备选药物进行接触，观察并记录药物对致病菌的抑制或杀灭效果。常用的药敏试验方法包括纸片法、稀释法等。

（4）结果分析　根据药敏试验结果，分析病原菌对不同药物的敏感性，确定最佳治疗药物和剂量。

2. 药敏试验注意事项

尽管药敏试验在水产养殖中具有重要作用，但其应用仍面临一些挑战：一是缺乏高素质专业人才。药敏试验需要专业的技术人员进行操作和分析，然而目前水产养殖领域的高素质专业人才相对匮乏。为解决这一问题，可以加强人才培养和引进，提高从业人员的专业素养和技能水平。二是试验方法复杂且周期长。传统的药敏试验方法复杂且周期长，难以满足及时用药的需求。为解决这一问题，可以探索简化的药敏试验方法，如快速药敏试验等，以缩短试验周期并提高及时性。三是药敏结果反馈不及时。药敏试验结果的反馈速度直接影响到养殖用药的及时性和准确性。为提高结果反馈速度，可以建立药敏试验信息共享平台，实现试验结果的快速传递和共享。

三、常见病害及其防治

虽然大口黑鲈养殖前景可观，但是病害高发，很多疾病治疗束手无策。大口鲈病原主要包括细菌（如柱状黄杆菌、爱德华氏菌、嗜水气单胞菌、温和气单菌、舒伯特气单胞菌、诺卡氏菌）、病毒（如大口黑鲈病毒、传染性脾肾坏死病毒）、寄生虫（如车轮虫、杯体虫、指环虫、锚头鳋）。

1. 蛙虹彩病毒病

病原是大口黑鲈蛙虹彩病毒。

（1）发病症状　临床症状主要表现为体表的溃烂，到感染后期溃烂处肌肉呈鲜红色，病灶周围无炎性细胞浸润，不呈现化脓、脱鳞、赤皮等症状，类似刀切一般。有的体表无病灶，但鳍（多见于尾鳍、背鳍）基部常见红肿。溃烂处易继发细菌和真菌感染，产生赤皮、溃疡等临床症状。肌肉坏死，或伴有心腔血块聚积肝脏、鳃动脉扩张，淤血呈血窦样，即点片状的。单纯病毒感染与细菌感染引起的内脏出血病不同，病鱼内脏只淤血、充血，但很少出血，不会出现溶血现象；脾脏、肾脏肿大，一般无腹水；肠空，有时红肿，不产气。

（2）流行特点　夏季水温 25~32℃ 易暴发，主要感染成鱼。

（3）防治建议　目前，对该病尚无特效药。水质差、虫害刺激等会加重病毒病的病情。彻底清塘晒塘。能干塘的尽可能干塘，如果不能，在肥水前可留水 6~9 cm，把生石灰用水溶解，立即均匀遍洒全池。山东地区每亩池塘用生石灰 25~50 kg，用量视塘底污泥多少而增减。清塘后一般经 7~8 d 即可放鱼。干塘清塘后重新注入水时，应采取过滤措施，避免野杂鱼类和病虫害随水进入塘内。网箱水泥池、帆布池等养殖设施和充气管、气石、手抄网等器具要进行消毒或者干晒处理。

引进的苗种要经过检疫，不携带病原。养殖期间注意营养保健，定期补充维生素、饲喂中草药。注意日常池塘水质、浮游动物数量变化，根据天气和节气调水改底，施用乳酸菌、光合菌等有益菌稳定水质，但尽量少换水，杜绝外源引入病原。水质不良时，多开增氧机，选用过硫酸氢钾、高铁酸钾、过氧化钙等强氧化剂调节水质，同时饲喂多糖类免疫增强剂、复合多维制剂和中草药。

感染后，建议第一时间送检。发病时减少甚至停止投喂饵料。可全池泼洒聚维酮碘，2 h 后用维生素 C 和柠檬酸解毒。整个过程中保持充足溶解。饲喂抗菌药物、复合多维制剂和保肝护肝制剂，以防继发性感染。应及时捞除病鱼及死鱼，深埋消毒，进行无害化处理。

科学诊断，精准用药。精确测算鱼塘水体、鱼质量，以足量用药。配制药饵时还应考虑药物在水中丢失的情况。药物用清水化开后，均匀泼洒在颗粒饵料上，制成药饵，晒干后再使用。在药物使用过程中，应依据鱼的品种、年龄、健康情况、环境条件调节用药量，避免盲目用药，最大限度降低损失。治疗时使用的中草应为粉散剂,不得使用菊酯类、有机磷类、强氯精、二氧化氯等强刺激性药物。

2. 细胞肿大虹彩病毒病

病原是传染性脾肾坏死病毒。该病毒属于虹彩病毒科细胞肿大虹彩病毒属,因此该病被称为细胞肿大虹彩病毒病。

(1) 发病症状　体表无出血症状;脾脏、肾脏肿大,呈暗红色;脾脏甚至可能会发黑;鳃丝发白、肝脏呈淡红色或发黄,质地松脆;肠内充满黄色黏稠物。同一口塘,不同鱼症状不同。除上述典型症状外,有的体表出血,有的体表黄色,有的鳃仍呈红色,有的具腹水,有的结缔组织(脂肪)充血。一般可同时检出寄生虫或细菌。

(2) 流行特点　高温季节(4—10月),水温25~30℃易发此病。可能出现大批量急性死亡情况。

(3) 防治建议　目前,对该病尚无特效药。水质差、寄生虫害刺激等会加重病毒病的病情。

彻底清塘晒塘。能干塘的尽可能干塘,如果不能,在肥水前可留水6~9 cm,把生石灰用水溶解后,立即均匀遍洒全池。山东地区每亩池塘用生石灰25~50 kg,用量视塘底污泥多少而增减。清塘后一般经7~8 d即可放鱼。干塘清塘后重新注入水时,应采取过滤措施,避免野杂鱼类和病虫害随水进入塘内。网箱水泥池、帆布池等养殖设施和充气管、气石、手抄网等器具要进行消毒或者干晒处理。

引进的苗种要经过检疫,不携带病原。养殖期间注意营养保健,定期补充维生素、饲喂中草药。注意日常池塘水质、浮游动物数量变化,根据天气和节气调水改底,施用乳酸菌、光合菌等有益菌稳定水质,但尽量少换水,杜绝外源引入病原水质不良时,多开增氧机,选用过硫酸氢钾、高铁酸钾、过氧化钙等强氧化剂调节水质,同时饲喂多糖类免疫增强剂、复合多维制剂和中草药。

感染后，建议第一时间送检。发病时减少甚至停止投喂饵料。可全池泼洒聚维酮碘，2 h 后用维生素 C 和柠檬酸解毒。整个过程中保持充足溶解。饲喂抗菌药物、复合多维制剂和保肝护肝制剂，以防继发性感染。应及时捞除病鱼及死鱼，深埋消毒，进行无害化处理。

科学诊断，精准用药。精确测算鱼塘水体、鱼质量，以足量用药。配制药饵时还应考虑药物在水中丢失的情况。药物用清水化开后，均匀泼洒在颗粒饵料上，制成药饵，晒干后再使用。在药物使用过程中，应依据鱼的品种、年龄、健康情况、环境条件调节用药量，避免盲目用药，最大限度降低损失。治疗时使用的中草应为粉散剂，不得使用菊酯类、有机磷类、强氯精、二氧化氯等强刺激性药物。

3. 鲈弹状病毒病

病原是鲈弹状病毒。

（1）发病症状　病鱼活力减弱。头部发红，体色变黑。体表出血，但不发生溶血。内脏充血，偶见腹水。鱼苗拖便。有的病鱼身体消瘦甚至出现弯曲，背部溃疡，漂浮于水面，反应迟钝，后期会出现明显的"打转"现象。有的病鱼眼球突出，还有的鳃颜色变浅。出现这些症状的病鱼通常 3~7 d 会死亡。

（2）流行特点　发病时间通常为 3—4 月，发病水温一般为 18~25 ℃。主要感染大口黑鲈幼鱼（体长小于 3 cm），近年来在成鱼养殖过程中也有发生。该病在水温突然升高或降低时易发，而且传播快、苗期致死率高，成鱼养殖过程中死亡率略低。

（3）防治建议　预防措施为主。彻底清塘消毒、水源消毒。引进的苗种要经过检疫。育苗期尽量不换水，加水后用国标渔药消毒剂消毒。做好杀虫护肝措施。

治疗措施可采用国标渔药消毒剂进行水体消毒，防止细菌继发感染。立即停料或减料。饲喂中草药等免疫增强剂，增强鱼体抵抗力。忌用刺激性较强的药物，可以结合使用针对性较强的治疗病毒病的药物。

4. 诺卡氏菌病

病原是诺卡氏菌。

（1）发病症状　鱼体发黑，体表鳞片脱落、出血，严重者体表溃烂。内脏、肌肉等布满白色结节。部分鳃丝出现白色结节或溃烂现象。偶有眼球凸起。取结节压片镜检，可观察到大量静止、长杆状、分枝、相互交错而呈草堆状的菌丝。将结节种于脑心浸液琼脂培养基，28℃恒温培养 3~7 d，可得到大量灰白色、沙粒状干燥的菌落。

在养殖的过程中常见的水产病原菌当中，能够引起鱼类内脏器官出现白色结节的致病菌除了诺卡氏菌外，还有舒伯特气单胞菌。因此，需要针对具体情况进行分析，以免耽误治疗。

结节形态上的区别：舒伯特气单胞菌感染主要表现为在肝脏、脾脏、肾脏等器官形成平滑、柔软、边缘界线不清晰的白色点状、片状坏死灶，发病时间较短。诺卡氏菌感染，形成边缘界限清晰、凸起的、比正常组织更硬的白色或淡黄色结节，有时可在后肾形成巨大囊肿物，结节形成时间较长。

结节部位的区别：舒伯特气单胞菌感染形成的细小白点状结节只局限于内脏器官，其感染大口黑鲈中成鱼，可导致鱼体下颌、鳍条等处充血发红，且伴随明显的肝脏、后肾肿大现象，部分病鱼还会出现腹水。诺卡氏菌感染，严重时在腔、肠、肌肉、鳃丝等处也会出现结节，有时候可在体表皮下组织形成结节、隆起或者疖疮型溃疡，使体表出现鼓起的软包，挑开有白色或淡红色的脓汁流出。

细菌特性的区别：舒伯特气单胞菌为革兰氏阴性菌，革兰氏染色结果为红色。诺卡氏菌是革兰氏阳性菌，革兰氏染色结果为紫色。可利用体内病灶组织进行病原菌的分离染色进行区分。

（2）流行特点　诺卡氏菌病流行季节长，2—12月均有发生，在水温25℃以上高温季节易发。该病的特点是潜伏期长，病情发展缓慢，但是发病率和死亡率都较高。

（3）防治建议　养殖过程主要通过做好清塘消毒、苗种检疫、提高鱼体免疫力等措施进行预防。放苗前充分晒塘，并使用生石灰等彻底消毒、碱化底质，在养殖中后期定期严格控底，避免有机物沉积于塘底而酸化，是预防诺卡氏菌病的重要措施之一。严格控制水质指标如亚硝酸盐和氨氮浓度，少用刺激性强的药物。该病发生后，分离病原，根据药敏试验结果选用该菌敏感的国标渔药进行治疗，同时对养殖水体用复合碘等进行消毒。

> **注意事项**
> 在流行季节，尽量避免大量换水等强刺激性操作，适量饲喂，增强营养。采用国标渔药消毒剂进行水体消毒，以减少水体中的病原菌。由于大口黑鲈诺卡氏菌病不能彻底治愈，所以还需定期配合药物治疗，以把损失降到最低，此外，如是二龄大口黑鲈发病，由于产后体弱等原因，往往治疗难度很大，成本高、疗效差，建议尽快卖鱼，以减小损失。

5. 烂鳃病

病原是柱状黄杆菌。

（1）发病症状　鳃丝充血至腐烂，鳃丝带有淤泥，鳃盖内侧表皮充血，中央表皮常腐烂成一个圆形小区（俗称"开天窗"）。头部、鳍条等处有白色絮状物。体色变黑。离群独游。

（2）流行特点　水温20~28℃时易发此病。

（3）防治建议　养殖过程应避免鱼体受伤，通过做好清塘消毒、苗种检疫、提高鱼的免疫力等措施进行预防。放养鱼苗之前，必须对池塘进行彻底消毒，可以把鱼种提前浸泡在质量分数为

3%~5%的食盐水溶液中。该病发生后,烂鳃通常会继发感染寄生虫。建议先镜检确认,进行杀虫,再做其他处理。分离病原,根据药敏试验结果选用该菌敏感的国标渔药进行治疗。采用国标渔药消毒剂进行水体消毒,以减少水体中的病原菌。

6. 细菌性肠炎病

病原是由嗜水气单胞菌、豚鼠气单胞菌等。

(1) 发病症状 病鱼离群,缓慢独游,体色发黑,食欲缺乏。发病早期剖开腹部可见肠充血发红、肿胀发炎,内无食物或只在后段有少量食物,内有较多黄色或黄、红色黏液。发病后期可见全肠充血发炎,呈红色或紫红色;腹壁膨大,有红斑;肝脏常有红色斑点状淤血;肛门常红肿外突,呈紫红色。

(2) 流行特点 细菌性肠炎病在水温18℃以上开始流行。流行高峰水温为25~30℃。全国各地区均有发生。

(3) 防治建议 培苗过程中应避免投喂冰冻轮虫、枝角类和桡足类,投喂丰年虫前应经消毒处理,驯料过程做好肠道健康维护等措施。该病发生后,分离病原,根据药敏试验结果选用该菌敏感的国标渔药(氟苯尼考、多西环素、恩诺沙星、磺胺类等)进行饲喂治疗,同时采用碘制剂、苯扎铵、戊二醛等对养殖水体等进行消毒。

7. 车轮虫病

病原是车轮虫。

(1) 发病症状 临床主要表现为病鱼不摄食、打转、离群漫游于池边或水面;体消瘦;鳃部常呈略红色,分泌大量黏液,边缘发白腐烂。镜检可观察到体表和鳃上有大量车轮状的虫体。车轮虫游泳时一般反口面向前,像车轮一样转动,因此得名。车轮虫用附着盘附着在鱼的体表和鳃上,来回滑动。车轮虫小量寄生时,鱼无明显症状。一旦车轮虫大量在体表和鳃上寄生,鱼出现"白头白嘴"症状,或者离群绕池狂游,呈"跑马症"。有的病鱼无明显病症。鳃组织腐烂，鳃丝软骨外露，严重影响鱼的呼吸功能，使鱼缺氧窒息而死。

（2）流行特点　车轮虫病流行范围广，主要危害体长 5 cm 以下的鱼苗。在水温 18℃ 以上开始流行，养殖密度大、水体水质偏肥时更易传播，虫体大量繁殖时对鱼苗和鱼种危害很大，严重时可造成死亡。该病传播速度快、感染率高、感染强度大，且易发生继发感染。

（3）防治建议　加强饲养管理，保持良好的水质。鱼苗、鱼种放养前，用生石灰和漂白粉对池塘进行彻底消毒。用质量分数为 1.5%~2.0% 的食盐水溶液浸泡苗种 10~15 min，以防其携带寄生虫。发病时每升水体用 0.7 mg 硫酸铜（或者硫酸铜与硫酸亚铁质量比为 5∶2 的硫酸铜–硫酸亚铁合剂）、硫酸锌或其他国家批准使用的纤毛虫类杀虫剂全池泼洒，之后要使用柠檬酸等进行解毒，同时保证水体溶解氧充足。

8. 斜管虫病

病原为斜管虫。

（1）发病症状　斜管虫常寄生于成鱼鳃上、鱼苗体表和鳃上。感染成鱼无明显症状，偶有摄食量减少或不安静的现象。镜检可观察到大量口管呈漏斗状的卵圆形虫体，虫体上有 D 形纤毛环。感染鱼鱼体发黑、溃疡，有时候会继发水霉感染。

（2）流行特点　斜管虫最适繁殖温度为 12~18℃，主要危害鱼苗、鱼种。斜管虫病为苗种培育阶段常见鱼病。

（3）防治建议　基本同车轮虫病。杀斜管虫不理想时，养殖户往往选择使用甲醛，但甲醛刺激性大且易坏水。一定要注意使用柠檬酸等进行解毒，同时保证水体溶解氧充足。

9. 杯体虫病

病原是杯体虫。

（1）发病症状　杯体虫寄生于鱼类的体表、鳃、鳍条。患病鱼游动缓慢，呼吸困难。

（2）流行特点　该病在3—5月的培苗期流行，主要危害鱼苗，且容易产生继发感染。

（3）防治建议　加强饲养管理，保持良好的水质。鱼苗、鱼种放养前，用生石灰和漂白粉对池塘进行彻底消毒。用质量分数为1.5%～2.0%的食盐水溶液浸泡苗种10～15 min，以防其携带寄生虫。发病时每升水体用0.7 mg硫酸铜（或者硫酸铜与硫酸亚铁质量比为5∶2的硫酸铜-硫酸亚铁合剂）、硫酸锌或其他国家批准使用的纤毛虫类杀虫剂全池泼洒，之后要使用柠檬酸等进行解毒，同时保证水体溶解氧充足。

10. 单殖吸虫病

病原是指环虫或三代虫。

（1）发病症状　鳃明显浮肿、失血，鳃盖张开，鳃丝腐烂缺损，呈继发性烂鳃特征病鱼精神呆滞，严重时停止摄食。该类寄生虫轻度感染对鱼的危害不大，短期不会造成大量死亡，特别是成鱼。但在高温季节极易引发出血病，同时饵料系数会明显增高，病鱼食欲缺乏并且体虚无力，最终漂浮水面死亡。

（2）流行特点　单殖吸虫病多发于春末夏初。病原适宜繁殖温度为20～25℃。鱼免疫力差易患此病，通常会发生细菌继发性感染而死亡。

（3）防治建议　加强饲养管理，保持良好的水质。鱼苗、鱼种放养前，用生石灰和漂白粉对池塘进行彻底消毒。用质量分数为1.5%～2.0%的食盐水溶液浸泡苗种10～15 min，以防其携带寄生虫。发病后，内服绵马贯众散、厚朴散等批准使用的中草药，用量用法参考药物说明书：用甲苯达唑按1.0～1.5 g/m³的量全池泼洒。

11. 水霉病

病原是水霉菌等真菌。

（1）发病症状　病鱼鳞片脱落且附着有白色棉絮状绒毛，或者体表出现伤口。病鱼食欲缺乏并且体虚无力，最终漂浮水面死亡。

（2）流行特点　水霉病多发于春季。鱼受伤后容易患此病，通常死于溃疡病灶的继发感染。

（3）防治建议　池塘每年清塘消毒1次。避免鱼受伤，受伤的鱼体用食盐和小苏打消毒。亲鱼用碘液涂抹伤口。发病时，出现轻微的水霉，建议用高效络合碘加硫醚沙星或者水杨酸、五倍子煎液等泼洒，可使用聚维酮碘制剂治疗，或者用质量分数为3%~4%的食盐水溶液浸洗3~4 min。发病严重时，可用戊二醛加苯扎溴铵对水体进行消毒，同时饲喂抗菌药物和维生素，防止继发性感染。

12. 大口黑鲈热应激

（1）发病症状　陆基养殖模式中水体比较小，水体的温度等受环境影响比较大。夏季高温季节，大口黑鲈易出现热应激，表现为摄食量减少，出现白肝、花肝、烂身、出血等症状，免疫力降低，易被疾病侵袭，造成损失。

（2）流行特点　大口黑鲈热应激多发于夏季。大口黑鲈最适生长温度是20~28℃。如果水温长期高于30 ℃，大口黑鲈长期处于热应激的状态下，肝脏健康水平下降，肠消化吸收能力变差，抗病能力变差，加上高温期正是大口黑鲈快速生长的时期，大口黑鲈摄食旺盛，加重了肝脏、胆囊和肠的负担，造成肝脏、胆囊和肠疾病的发生。

（3）防治建议　避免鱼体受伤。把握好投喂的时间，早上投喂提前至6~7时，下午投喂延迟至19时左右，避开阳光直射的高温时段。有条件的可在投料区域搭设遮阳网，尽量降低水体温度。使用过硫酸氢钾、高铁酸钾、二氧化氯、过碳酸钠、过氧化钙等减少底热、底冒泡和底部耗氧。增强鱼体质，定期使用维生素、乳酸菌等。适当饲喂清热解毒的中草药等。做好肥水工作，降低氨氮、亚硝酸盐的含量，维持藻相平衡，保证水质指标的正常。

13. 细菌性出血败血综合征

（1）发病症状　鱼体多处充血发红或出血，溃疡，头、腹、口腔、体侧和鳍条基部出现充血性红色斑点。鳃苍白色或紫色，鳃丝肿胀，多黏液。多有腹水。后肠充血。肝脏土黄色，胆囊增大。

（2）流行特点　各类鱼均可患病。流行时间为3—11月，6—9月是该病的高发季节。发病高峰水温为25～32℃，9～36℃均有该病流行，10月水温下降后病情有所缓和。

（3）防治建议　加强饲养管理：控制养殖密度，合理搭配品种，使用微生态制剂调节水质，保证溶解氧充足。对于发病鱼池，可用生石灰（每升水体20～30 mg）、二氧化氯（每升水体0.5 mg）或聚维酮碘（每升水体0.5 mg）全池泼洒消毒。同时拌饲投喂氟苯尼考：每天每千克鱼用量30 mg，连喂3～5 d，或者投喂复方磺胺药饵：每千克鱼第一天用药100 mg，第二天起用量减半，连喂1周。

第七章 捕捞与加工技术

一、捕捞

大口黑鲈采用拉网捕捞,即在池塘两边的某一处放下拉网,捕捞成鱼。为保证运输过程中大口黑鲈的成活率,捕捞时操作要格外小心。捕捞前,池塘中的大口黑鲈停食 2 d,同时要适当降低池塘水位,再用疏网慢拉捕鱼。

北方大口黑鲈养殖到 9 月底至 10 月初,部分规格已达每尾 0.45 kg,销售价格较好。由于南方地区养殖周期长,加上大口黑鲈生长较快,当年繁殖的鱼苗能长到 0.5 kg 以上,达上市规格。因此每年的 9 月开始就可从池塘中捕获部分达上市规格的大口黑鲈出售,余留的继续培育,养 1~2 个月后再捕获池塘中绝大部分大口黑鲈出售,其余少量小规格的可继续养殖。此时正是大口黑鲈空缺时期,隔年大口鲈鱼销售已近尾声,新养殖的大口黑鲈还没有开始大量上市,抓住这一有利时机主动上市,同时又降低了池塘密度,加速了存塘鱼生长。

二、鲜活鱼暂养和运输

大口黑鲈的销售方式可分为鱼苗或苗种销售、亲鱼和商品鱼销售。销售时分别涉及鱼苗运输、亲鱼运输和商品鱼运输,具体介绍如下。

1. 鱼苗运输技术

一般使用塑料袋充氧运输,装鱼时要求动作轻快,尽量减少对鱼苗的伤害。通常要注意以下几个环节：一是选袋。选取 70 cm×40 cm 或 90 cm×50 cm 的塑料袋，检查是否漏气。将袋口敞开，由上往下一甩，并迅速捏紧袋口，使空气留在袋中呈鼓胀状态，然后用另一只手压袋，看有无漏气的地方。也可以充气后将袋浸入水中，看有无气泡冒出。二是注水。注水要适中，一般每袋注水 1/4~1/3，以鱼苗能自由游动为好。注水时，可在塑料袋外再套 1 个相同规格的塑料袋，以防漏水。三是放鱼。按计算好的装鱼量，将鱼苗轻快地装入袋中，鱼苗宜带水一批批地装。四是充氧。把塑料袋压瘪，排尽其中的空气，然后缓慢装入氧气，至袋鼓起略有弹性为宜。五是扎口。扎口要紧，以防止水和氧气外泄。一般先扎内袋口，再扎外袋口。六是装箱。扎紧袋口后，把袋子装入纸箱或泡沫箱中，也可将塑料袋装入编织袋后放入箱中，置于阴凉处，防止暴晒和雨淋。

运输的密度应与当地的天气情况、水温、运输时间及规格等因素结合起来考虑。水温在 15~20℃ 时运鱼最好，如必须在冬季运输鱼苗，则一定要注意保暖。水温过低，会使鱼苗冻伤。若在夏季运输，可在塑料袋外加冰块降温，效果颇佳。塑料袋规格为 70 cm× 40 cm，注水量为 7~8L。每袋可装运 1 cm 鱼苗 4 000~5 000 尾，2 cm 鱼苗 1 000~1 200 尾，3~4 cm 长的鱼种 600~800 尾，7~8 cm 的鱼种 300~500 尾，可保证 5 h 内成活率达 90% 以上。

2. 亲鱼运输技术

由于大口黑鲈背鳍硬而尖，给运输带来了一定困难，因此一般都采用帆布捆箱运输，即将一块大帆布放置在汽车车厢内，周围扎紧后加水，一般每 10 kg 水可装运 2.5 kg 大口黑鲈亲鱼。要注意调节水温、溶解氧，保持水质良好。大口黑鲈亲鱼运到目的地后，应用食盐或碘制剂对鱼体进行严格消毒，然后再放入水质清新、溶解氧含量高的池塘中进行精心培育。

3. 商品鱼运输技术

为提高大口黑鲈商品鱼从池塘边运输到市场过程中的成活率，需注意以下几个环节。

准备就绪捕捞前，要适当降低水位，停食1~2 d，以保障运输的成活率。捕捞时，用疏网慢拉捕鱼。针对池塘中成鱼健康状况，有必要的话可以向鱼塘中泼洒葡萄糖，可以降低大口黑鲈的应激反应、降低因捕捞导致的死亡率。机体在应激状态下可将葡萄糖用于ATP的紧急合成，从而提高机体的非特异性抵抗力，提高抗应激能力，有效缓解捕捞过程中鱼体的应激反应。葡萄糖还可起解毒和析毒作用，有效增强鱼体的抗病力、免疫力。葡萄糖作为有效补充机体生长所需的碳源及能量，可促进新陈代谢，提高运输成活率。

适宜为早上捕捞，气温不要太高。提前在水车中加注地下水，然后用水车装运至打包场，根据水车的大小确定装载商品鱼的数量。必要时需加冰控温，温度不宜超过池塘水温5℃。运输途中充纯氧，可保证运输时间为4~5 h。

商品鱼打包运输：卸鱼动作要快，称鱼时尽量带水操作，以免损伤鱼体；卸鱼的同时还需要针对不同规格进行分拣。

长途运输前必须暂养，目的是尽量排完粪便，降低运输途中氨氮含量，一般暂养8~10 h。

由于暂养后的大口黑鲈体力恢复、活动能力强，装箱前需进行麻醉，用大型塑料袋充氧打包，打包适宜温度为7~18℃。装运包宜加注新水，如果气温高还要将包冰的塑料袋放置在箱内，以达到控制温度的目的。

装运大口黑鲈活鱼的泡沫箱采用四方体泡沫结构的小包装设计，一般箱体规格为56 cm×56 cm×35 cm。打包箱的水温控制在5~10℃，打包箱内水的盐度为1~5，水中溶解氧含量>3 mg/L。每箱鱼水总量为50 kg，其中可装活鱼17~25 kg。夏天由于气温高，鱼水比约为1∶2；冬天气温低，鱼水比约为1∶1。活鱼装好后，整箱密封包装，然后把包装好的活鱼箱装载到活鱼运输集装箱体。装运活鱼箱时，由里往外逐排安放，每排安放4箱，每列安放6层，每箱接一纯氧输送分气管供给气。这种小包装箱设计和安放活鱼箱的优点是，尽可能地充分利用活鱼运输集装箱体内的容积，容积利用率达90%以上，运输效率高，每车运输活鱼10~15 t。每一活鱼箱连接纯氧输送分气管，分气管末端连接微孔增氧管曝气增氧，供氧均匀，可避免供氧不均而影响运输成活率。死鱼的打包量一般为每箱15~25 kg，加冰冷冻运输。

现在随着运输行业的科技进步，大多采用活鱼运输车。

运输及市场卸货：运输途中要注意水质水温的变化，主要看水是否变浊和是否有死鱼，如有问题，应立刻就近先换水后加冰。市场卸货前，应测量箱内水温与卸鱼鱼缸的水温，如温差超过5℃，则不宜立即卸货。卸载时动作要迅速，尽量避免鱼缺氧时间过长。目前的汽车运输技术可保证80 h以内存活率达95%以上。

4. 均衡上市

大口黑鲈的收获遵循"捕大留小、轮捕轮放、适时上市"。池养大口黑鲈放养密度较大，容易出现大小差异，应及时捕出达上市规格的商品鱼，减小养殖密度，促进小规格成鱼快速生长。一般高产大口黑鲈池塘全年宜轮捕4~5次，放养密度较小可在养殖过程中，适当补充部分较大规格的大口黑鲈鱼种，如将几个鱼塘的小规格成鱼合并在一个鱼塘中。混养鱼类（特别是鲫）也可通过轮捕轮放的方式提高养殖产量。通过以上措施，既可提高全年成鱼产量，又可通过商品鱼均衡上市，降低养殖风险，有效提高经济效益。大口黑鲈以肉味鲜美著称，相对于四大家鱼和鲫等大宗淡水鱼，市场价格较高。经过市场调整，2019年，市场价格基本趋于稳定，据广东何氏水产有限公司提供的数据显示，月价格开始上升，主要原因是存塘量少，大口黑鲈进入排卵期、增加养殖成本,此外禁渔期开始,消费者对养殖鱼类的需求增加。6月、7月、8月期间新老鱼交接,老鱼存塘不多,新鱼规格达不到上市标准,出现供不应求的情况。8月的价格达到最高,9月价格开始下降,主要原因是新鱼开始上市,存塘量增加。

三、加工

目前,大口黑鲈商品鱼主要以鲜活鱼方式销售,少量以冰冻鲜鱼形式销售,现在有的企业已开发出大口黑鲈加工产品,例如速冻鲈鱼、免浆鲈鱼片和臭鲈鱼等,销售面向国内生鲜超市、餐饮连锁企业及酒楼等,下面对主要加工产品进行概述。

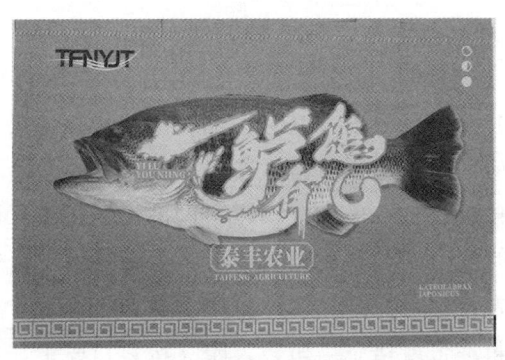

1. 速冻鲈鱼

加工过程为：原料鱼检测—捞鱼—清洗—内包装消毒—称重包装—速冻—金属探测—外包材准备—包装入库—出货运输。

2. 免浆鲈鱼片

加工过程为：原料鱼验收（索取有关供应三证，感官检查）—原料鱼储存（经验收合格的原辅料做好标识，分类存放）—捞（原料鱼活力足、无畸形、无起包、无花身）—放血（放置于水去鳞去鳃

去内脏（机器打鳞，人工去除鱼鳃，槽中泡水去血）—鱼肚、鱼肠）—废料处理（废料统一倒入带盖垃圾桶里，并统按规定处理）—清洗（将去完鳞的鱼用清水冲洗干净，鱼肉无鳞残留）—称重（按标准分框称重）—起片（切出鱼柳）—鱼柳称重（鱼柳按标准分框称重，称重计量准确无偏差）—制冰（用饮用水标准水源制冰）—碎冰清洗（加入碎冰清洗鱼片，清洗后倒入框内沥干水）—切小片（顺着鱼肉纹路将鱼切成片状，厚薄均匀）—原料配料（严格按照产品配方进行配料，食品添加剂使用必须符合国家标准要求）—腌制（搅拌制，制后产品应色泽均匀，并完全入味，上色，无异味异色）—内包装消毒（包装前，包装间和直接接触食品的包装材料，应利用紫外线杀菌灯进行杀菌）—称重包装（按标准称重，装入包装袋）—速冻（根据不同的产品要求，调整液氮的流量和速冻时间，产品摆放无堆叠）—金属探测（金属探测器的灵敏度必须符合国家标准）—外包材准备（将符合食品包装要求的外包材物料准备就绪）—包装入库（按客户要求装箱，合格后

入库）—出货运输（冷冻）。

3. 臭鲈鱼

臭鲈鱼是一款大口黑鲈的加工产品，其主食材来自山东泰丰鸿基农业科技开发有限公司养殖基地生产的大口黑鲈。原料鱼是在科学生态养殖模式下所收获的鲜活大口黑鲈商品鱼，具有肉质紧实和肉味鲜美的特点。其加工过程为：活鱼宰杀，手工净膛，

采用传承配方，古法人工腌制，木桶自然发酵 7 d，真空包装，再加以泡沫箱冰袋发货，保证口感与品质。产品闻着臭，吃着香，入口滑，肉质紧实，细腻弹，鲜香透骨。

4. 烹饪

世界上任何美味，都是首先通过舌尖形成记忆，进而形成文化并塑造价值的。大口黑鲈价格适中，肉紧密、脂肪少、无肌间刺，因此既"出得厅堂上酒席"，又"入得厨房家常菜"。大口黑鲈有众多烹饪方法，不但可以整条蒸调，而且还可切片、剁段、劈丝后炸、炒、炖、熘、煎、扒、熏、腌。我国不同地方根据当地的饮食习惯，创造出别具特色的地方名菜，如上海的"茄汁鲈鱼片"、广东的"清蒸鲈鱼"、江苏的"松鼠鲈鱼"等。

上海的"茄汁鲈鱼片"是当地最普通也是最为有名的一道家常菜。其做法是：鱼肉顺纹切长方形薄片，在碗内先打散蛋清，加入淀粉和盐调匀，加入鱼片仔细调拌，腌 15 min。然后将鱼片粘上干淀粉，投入 7 成热的油中炸黄（约 0.5 min），捞出鱼片。最后烧热油炒香洋葱丁，再放入冬菇丁，随后倒入白糖、醋、番茄酱、料酒、盐，以大火煮滚，放入青豆拌炒，关火后放入鱼片略加拌和即可。

广东人喜食清淡，对于美食口感的严谨，让他们对大口黑鲈的挑选也非常严格。广东的清蒸鲈鱼在挑选大口黑鲈时，要求体形好、无损伤、游动敏捷、偏青色，鱼鳞有光泽、透亮，鱼尾呈红色。鱼洗干净后两边切花刀，姜片插入鱼肉里，姜丝塞肚，蒸锅烧水，水开后大火蒸 8 min 后浇入料汁再蒸 1 min，让料汁和鱼充分融合。这是广东人认为最原始的吃法，鱼肉吃到嘴里绝对每一口都是享受。

在诸多吃法中，江苏的"松鼠鲈鱼"最受欢迎。大口黑鲈切花刀，顺着鱼身直划刀，鱼皮不要划破，横要斜划刀，同样鱼皮不要划破，让鱼肉呈玉米粒状。鱼全身拍生粉，油烧热下鱼炸至微黄拿出摆盘。炸鱼也有讲究，把鱼尾从鱼肉中间穿上来，鱼尾就翘起来了，鱼摆好，打花刀面朝外，炸出来呈粒状。鱼口放樱桃番茄，勾芡浇汁撒点松仁，"松鼠鲈鱼"这道大菜也就完成了。外形似松鼠，赋予了菜的灵魂，让其有味有形，同时向上翘着的鱼头、鱼尾也是对新的一年好运的期盼。

大口黑鲈肉质鲜美，各地的鲈鱼菜谱虽然美味，但操作复杂，具有一定的挑战性，但是酸菜鲈鱼无论从食材采购、口味，还是操作上，都是厨房新手的最佳选择。选择新鲜的大口黑鲈，去鳞鳃，剖腹，去内脏洗净，用刀取下两扇鱼肉，把鱼头劈开。用盐、料酒、胡椒粉、生粉把鱼肉腌上。切姜丝、蒜碎、泡椒碎，酸菜泡洗干净，沥水备用。锅内入油，放入姜丝、蒜碎、酸菜煸炒几分钟再把酸菜盛起来，另起锅煎焦鱼骨架，放入适量水，煮少许时间到鱼汤发白。放入酸菜、泡椒碎、适量盐，煮开后把鱼骨架装碗。在剩下的汤中，放入鱼肉片，用筷子沿一个方向搅散。汤开，鱼肉泛白时美味营养的酸菜鲈鱼就做好了。

附　录

茌平区大口黑鲈生产龙头单位

1. 山东泰丰鸿基农业科技开发有限公司

山东泰丰鸿基农业科技开发有限公司成立于2016年2月，法人代表朱广泰，注册资金5000万元。是集智能化、工厂化水产养殖为一体的民营股份制农业公司。是一家主营加州鲈鱼养殖、加州鲈苗种孵化和技术输出、成鱼回收为主导产业的养殖企业，泰丰加州鲈鱼口感鲜美、无土腥味、肉质白嫩、肌间刺少，营养丰富，老少皆宜，深受广大消费者喜爱。

泰丰公司现有工厂化养殖车间35 000 m²，其中具有国际领先水平的智能化循环水养殖车间5 000 m²，生态外塘约170亩，是华北地区较大规模的工厂化水产养殖基地。目前下辖三家分公司，分别是杭州市分公司、龙口市分公司、中山市种苗分公司。截至目前，泰丰公司年生产加州鲈鱼200万kg以上，加州鲈鱼苗种孵化5 000万尾，年产值1.7亿元，成为长江以北大规模的加州鲈苗种供应基地和成鱼回收销售企业。带动和影响了周边上千家养殖户的快速发展，实现社会效益5亿元以上。

公司把农产品质量作为企业发展生命线，严控食品质量安全，产品相继取得"绿色食品证书""无公害产品证书"。公司和北京物美、永辉超市、美团买菜、叮咚、京东、盒马生鲜等巨型商超和线上销售企业达成良好紧密的合作关系，在北京设立3个销售公司，实现日销售加州鲈鱼6.5万kg。彻底巩固了加州鲈鱼产品销售市场。

公司与山东省淡水渔业研究院、青岛农业大学、广东海洋大学成立产学研基地或合作。公司有发明专利和新型实用专利两项，另有软件著作权3项。为公司逐步向智能化、科技化的转型提供了科技支撑。

泰丰公司获得多项资质、荣誉："国家级健康养殖和生态养殖示范区""山东省大口黑鲈良种场""山东省水产种业领军企业"

"国家级健康养殖示范场""山东省智慧渔业应用基地"、山东省"加州鲈鱼药敏检测中心""山东省健康养殖示范场"、山东省"海洋与渔业科技创新一等奖"、山东省"农业技术推广成果奖二等奖"、山东省"鱼类产业技术体系示范基地""山东省淡水渔业研究院实验基地""聊城市农业产业化龙头企业""聊城市鱼病防控实验室""山东省民生保供重点企业"称号。董事长朱广泰获得"大国农匠"称号和"齐鲁乡村之星"称号。公司注册的"菜屯"牌商标,纳入了"聊·胜一筹"品牌体系。

公司提出"乡村振兴、渔业助力"的口号,并在行业中积极探索养殖新思路,总结出"1361"泰丰模式,以打造现代健康养殖和生态养殖样板区为目标,坚持"抓市场、强基地、带农户"统筹发展方针,使渔业健康养殖与发展渔业经济、优化产业结构、推广渔业技术、提高渔民收入、保护农村生态有机结合起来,打造集苗种培育、成鱼养殖、饲料供应、技术服务、统购统销于一体的全产业链融合发展体系,让养殖户用苗放心、养殖舒心、销售省心,带动养殖户增收致富。

2. 信发集团农业有限公司

信发集团农业有限公司，于 2021 年 7 月成立，位于山东省聊城市茌平区，注册资本 10 000 万元。公司是集智能农业管理、农业科学研究和试验发展、农业专业及辅助性活动、供应链管理服务、食用农产品技术服务、技术开发、技术咨询、技术交流、技术转让、技术推广、农作物栽培服务于一体的综合性企业集团。

项目区位优势明显，气候温和，四季分明，雨量适中，日照充足，水质优良，周边生态环境良好。水、电、路、信条件齐全，通信畅通，交通便利，布局合理，水利、电力等外部环境条件十分优越。

信发集团农业现代农业产业园已建成鲈鱼养殖示范设施车间 12 个，占地 140 余亩，现已投产 2 个车间，单个车间共摆放约 50 个陆基圆桶，配备国际先进循环水处理设备，实现养殖用水循环利用，养殖尾水零排放，年产优质成品加州鲈鱼 75 万 kg。2024 年新建三层立体水产养殖系统，建成后可年增产鲈鱼 45 万 kg。

通过建设高标准设施渔业车间，加快设施农业向高效、特色迈进，助力农民增收、助推农业发展和乡村振兴，将工业发展的创新思维、管理优势、技术优势、资源优势等运用到农业上来，按照"智能化、集约化、模块化"管理思维，广泛采用"新材料、新技术、新能源"，不断提高"时间、空间、土地"的利用率，大力推进"生态农业、智慧农业、设施农业"，实现"产加销、贸工农、农文旅"一体化发展，探索适合工商资本进入农业发展经营的新业态新模式。打破传统农业以家庭为主要经营单位，人均耕地少，劳动强度大、集约化程度低、生产效率低，"靠天吃饭"的状况。

山东信发集团现代农业有限公司是一个典型的楼层立体养鱼案例。它通过在楼层内部空间建立多层鱼塘，实现鱼类的立体养殖，能够在有限的空间内实现高效的鱼类养殖，提高土地的利用率和养殖效益。楼层垂直立体养鱼是一种具有创新性和前瞻性的养殖方式。然而，在实施过程中也需要注意承重与安全、水质管理、氧气供应和疾病防控等问题。通过合理的规划和设计以及先进技术的创新应用，楼层立体养鱼有望成为未来水产养殖的重要发展方向之一。

3. 山东晟泉农业有限公司

近些年随着人们生活水平提高，水产品需求量逐年递增，传统的养殖模式无法满足大密度高产量的养殖模式，水产品产量和质量都无法满足社会需求。

山东晟泉农业有限公司成立于2022年11月，法人代表黄训明，目前投资额3 000万元，占地40余亩，以加州鲈鱼繁育、养殖、销售为主导产业，着力发展智能化、工厂化、自动化、智慧渔业。

智慧渔业是由信息技术支持的根据空间变异、定位、定时、定量地实施一整套现代化农事操作技术与管理的系统促进传统渔业向现代渔业转变，对促进地区社会经济健康持续发展具有重要意义。基于物联网的智能化渔业是专门为人工水产品养殖设计开发的，采用无线传感技术、网络化管理等先进管理方法对养殖环境、水质、鱼类生长状况、药物使用、废水处理等进行全方位管理、监测，具有数据实时采集及分析、食品溯源、生产基地远程监控等功能。养殖用水的净化处理，降低了成本，对周围环境没有污染，还打破了传统养殖受季节、温度变化以及土地资源的限制，实行了生态高效精养，养殖产量和养殖效益提高明显。如果能建立健全水质在线监控视频系统建设，做到养殖过程全程监控，进一步提升水产品质量安全生产。

山东晟泉农业有限公司通过建设循环水养殖样本车间，标准化示范池塘，运用水产业高新技术，全面、有效地实现人为控制养殖环境和养殖过程，其养殖全程采用可控的模式，能摆脱自然水域环境对水产养殖的影响，能同时开展渔光互补、水处理、绿色渔业养殖的全新模式，能彻底解决传统养殖方式可能造成的环境污染。同时为进一步加快产业化运作，创新体系和品牌创新体系建设步伐，增加农民收入提供示范。

2023年以来，已投资建成的高标准温室养殖4 000 m²，鲈鱼苗标粗鱼仓3 000 m³，截至目前，已累计投放鱼苗300万尾，预计年营业收入5 000余万元，带动劳动力就业200余人次，辐射带动周边养殖户100余户。晟泉有限公司实力雄厚，资本状况良好，无负债，信用优良。

4. 茌平滨河水产养殖专业合作社

茌平滨河水产养殖合作社成立于2015年4月，基地养殖面积13.77 hm²，地址位于茌平县博平镇袁楼村，固定资产500万元，现有职工8人，管理人员3人，技术人员5人，东临309国道，南依西新河，北距博平镇3 km。园区气候温和，四季分明，雨量适中，日照充足，水质优良，周边生态环境良好。水、电、路等条件齐全，通信畅通、交通便利，布局合理，水利、电力等外部环境条件十分优越。从事淡水鱼的养殖，养殖品种有大口黑鲈、鲤鱼、草鱼、鲢鱼，年产量120 t，年销售总额134万元，年利润87

万元。

养殖品种中,大口黑鲈30 t、鲢鱼30 t、草鱼40 t,养殖方式为池塘养殖和工厂化车间养殖,不使用任何禁用、限用药物,保证水产品质量安全。产品主要销往聊城、济南、北京、泰安等地。

5. 茌平县路通淡水养殖农民专业合作社

茌平县路通淡水养殖农民专业合作社位于茌平县乐平镇大赵村,地理环境优越,无工业及农副业污染,水源良好,排灌方便,设施较齐全,周围是农业良田,总面积7.5 hm^2,鱼苗池、鱼种及成鱼池共12个池塘,申领了中华人民共和国水域滩涂养殖证,主要养殖品种以中华鳖、草鱼、鲈鱼、鲢鳙成鱼养殖,路通合作社还积极引领休闲渔业发展,建设了一个近30亩的休闲垂钓池,观赏鱼,果园,就餐环境良好,集养殖、休闲于一体,经济效益显著提升。

合作社作为基层渔业技术推广体系实验示范基地,主要示范草鱼无公害生产技术、"两微"技术示范和鱼菜共生、鱼鳖混养技术。该基地的建设辐射服务乐平镇、振兴办等周边县乡,推动我县现代渔业向标准化、规模化、产业化、品牌化发展,切实起到示范带动作用,将进一步推动茌平县水产养殖技术示范推广工作,渔业发展潜力很大。

2024年投资70万元对养殖场90亩池塘进行修整、清淤和水泥毯护坡，建设饲喂平台、进排水管道等，新建场区水泥生产路850 m^2，建设生态尾水处理池塘1个。目前已建设完成，养殖加州鲈鱼，按照现在的市场价格估算，品种好价格贵，利润高，产能平均提高50%左右，节约水电成本投入约30%，病虫害显著减少，鱼类品质很大程度改善，综合生产效益可提高50%~80%。

《大口黑鲈陆基圆桶循环水生态养殖技术规范》

(山东泰丰鸿基农业科技开发有限公司企业标准)

1 范围

本标准规定了陆基圆桶循环水养殖大口黑鲈(Micropterus salmoides)的环境条件、养殖设施、配套设备、鱼种选择、鱼种投放、饲料要求、日常管理等技术。

本标准适用于陆基圆桶循环水养殖大口黑鲈的渔业生产。

2 规范性引用文件

下列文件中的条款通过本标准的引用而成为本标准的条款。凡是注日期的引用文件,其随后所有的修改单(不包括勘误的内容)或修订版均适用于本标准,鼓励根据本标准达成协议的各方研究是否可使用这些文件的最新版本。凡是不注日期的引用文件,其最新版本适用于本标准。

GB 11607 《渔业水质标准》

GB 18406.4 《农产品安全质量 无公害水产品安全要求》

GB/T 18407.4 《农产品安全质量 无公害水产品产地环境要求》

NY 5051 《无公害食品 淡水养殖用水水质》

NY 5070 《无公害食品 水产品中渔药残留限量》

NY 5071 《无公害食品 渔用药物使用准则》

NY 5072 《无公害食品 渔用配合饲料安全限量》

NY 5073 《无公害食品 水产品中有毒有害物质限量》

3 养殖环境与设施

3.1 养殖环境

养殖环境应符合 NY/T 5361 的要求,水源水质应符合 GB 11607 的要求,池塘水质应符合 NY 5051 的要求,水量丰富、周边无污染源、安静,电、路畅通。

3.2 养殖设施

由养殖区和净化区组成,养殖区采用圆形养殖主体、进(排)水及其流速控制系统、智能化控制系统。养殖池水进入净化区净化后重新进入养殖区,系统养殖用水零排放,定期开启排污系统回收鱼体粪便作为生物肥料,用于种植苗木花卉,实现生态循环农业。

构筑材料:可采用PP板或镀锌钢板+防渗布或砖混结构等。

规格参数:圆形养殖池直径4~10 m,深度1.2~2.3 m,径深比3:1至6:1,池底为锅底形,坡底比降6°~10°为宜。

进(排)水系统:进水管可采用PVC管、PE管等。圆形池进水管上加弯头控制水流方向。排水系统需满足上层、中层和下层三级排水,设计排水流量应大于进水管流量。

增氧设施:变频罗茨风机微孔增氧或纯氧增氧,装机功率能满足全场各池水溶氧持续达到并保持6 mg/L以上的要求。

智能化控制系统:安装高清远程监控、断电报警、投饲频次投饲时长及投饲量调控、水质在线监测、增氧机自动启动等智能化监控和预警系统。

3.3 固液分离池

建池底呈漏斗型圆形池作固液分离池,用于分离养殖圆池固液。固液分离池体积达陆基圆池养殖场每天换水量的30%以上,池底比养殖圆池池底低20~30 cm。

3.4 配套设施设备

抽水设备:配置适当功率轴流泵2台,其中备用1台。

备用发电机:配置发电机组1套,发电机功率为整个系统电器总功率的1.5倍以上,且安装断电和来电自动切换装置,确保电网临时性停电时养殖场内电器设备正常运转。

智能化投饲及水质监测(控)设备配套。

4 鱼种及投放

4.1 鱼种来源及质量

鱼种来源于有资质的良种场,性状稳定、规格整齐、体质健康、体表完好、生长速度快、抗病力强。

4.2 入池前准备

4.2.1 应急预防

4.2.1.1 在鱼种入池前 2 d,用 3 mg/L 聚维酮碘泼洒消毒,并启动增氧设施。

4.2.1.2 内服维生素 C,先将维生素 C 用水溶解后均匀喷在人工配合饲料上,阴干 0.5 h 进行投喂。

4.2.1.3 泼洒葡萄糖和维生素 C:每立方水体泼洒葡萄糖 2 000 g+维生素 C 200 g,连泼 2~3 d。

4.2.1.4 具体用药方法和原则按照 NY 5071 处理。

4.2.2 鱼种消毒

鱼种入池前应用聚维酮碘和氯化钠溶液进行严格的消毒,方法按照 NY 5071 处理。

4.3 鱼种投放

4.3.1 养殖池投放

养殖池鱼种投放的规格、密度,见表1。

表 1 养殖池大口黑鲈投放的规格和密度

养殖种类	投放规格 (g/尾)	密度 (尾/m²)	重量 (kg/m²)	养成规格 (g/尾)	备注
鱼种培育	5~10	200	1~2	100~150	若发现规格相差大及时分池
成鱼养殖	100~120	150	15~18	450~750	

5 入池后驯化

5.1 循环水驯化

5.1.1 入池后第一天,循环水不开,进行底部增氧。

5.1.2 入池后第二天,循环水 10 min,进行底部增氧。

5.1.3 入池后 3~4 d,循环水 1~2 h,进行底部增氧。

5.1.4 入池后 5 d,正常循环水。

5.2 投喂驯化

5.2.1 宜采用大口黑鲈专用粉状饲料进行驯化投喂。

5.2.2 饲料质量应符合 GB 13078 和 NY 5072 的要求。

6 饲料要求与投喂方法

6.1 饲料要求

6.1.1 循环流水养鱼要求全程采用配合颗粒饲料,尽可能选择投喂专用优质膨化颗粒饲料,并根据不同季节、不同规格选用不同营养水平的饲料。

6.1.2 饲料质量应符合 GB 13078 和 NY 5072 的要求。

6.2 饲料投喂

6.2.1 饲料的日投喂量,一般按照体重的 3%~6% 掌握。

6.2.2 水温稳定在 15℃ 以上,即可正常投喂饲料,上下午饲料量各占 6∶4,高温季节早晚各占 7∶3。

6.2.3 整个饲养周期 5~7 个月。

6.2.4 每天投喂次数见表 2。

表 2 流水养殖池大口黑鲈饲料投喂要求

养殖种类	规格(g)	饲料粒径(mm)	日投饵率	日投喂次数	投喂时间
苗种培育	5~150	1.0~3.0	4%~6%	4~6	上午投喂次数和数量比下午稍多,错开中午高温
成鱼养殖	100~750	3.0~6.5	3%~5%	3~5	

7 日常管理

7.1 监测

定时监测记录水温、溶解氧、pH 值、氨氮和亚硝酸盐等池水理化指标。

7.2 巡查

观察鱼类的摄食与活动情况，发现病鱼，及时诊断、治疗，如有死鱼及时捞出。

7.3 尾水处理

采用微滤机+"三池两坝"处理模式。尾水处理设施处理量要高于最大养殖量循环处理量，处理循环水质要达到淡水养殖用水水质标准。

7.4 抽检

定期对鱼类抽样，了解其生长情况和成活率，便于调整饲料投喂量。规格若差距较大，应分池养殖。

7.5 防逃

室外养殖遇到狂风、暴雨天气，要预防可能漫水导致鱼类逃逸。

7.6 维护

平时做好发电机等设备的维护工作，供电故障时，及时启用备用发电设备，确保不停电。

7.7 记录

做好养殖生产过程、药品采购使用和产品销售三项记录。

8 鱼病防治

8.1 坚持"预防为主、防治结合"的原则，发现鱼类生病，要认真诊断，确定病原后，及时用药对症治疗。

8.2 渔药的使用应符合 NY 5071 的要求。

8.3 预防与用药：

——大口黑鲈在养殖池中主要是诺卡氏菌病、虹彩病毒病、肝胆综合征，要提前做好预防工作；

——第 1 次用药需要对养殖池进行全池泼洒；

——以后视情况及时做好预防。用药仅在养殖池中进行；

——养殖池用药时，可关闭循环水设备，暂时停止池水流动，并开启底部微孔增氧,用药 1~2 h 后开启循环水设备,恢复池水流动。

8.4 捕捞上市

根据生长情况和市场行情等适时捕捞上市。水产品中渔药残留限量符合 NY 5070—2002 的要求。

《大口黑鲈人工繁育技术规程》

(山东泰丰鸿基农业科技开发有限公司企业标准)

1 范围

本文件列出了大口黑鲈（*Micropterus salmoides*）人工繁育的环境设施条件、亲鱼培育、人工繁殖、产卵孵化、鱼苗培育和疾病防治技术。

本标准适用于大口黑鲈人工繁育。

2 规范性引用文件

下列文件对于本文件的应用是必不可少的。凡是注日期的引用文件，仅所注日期的版本适用于本文件。凡是不注日期的引用文件，其最新版本（包括所有的修改单）适用于本文件。

GB 11607　《渔业水质标准》

GB 13078　《饲料卫生标准》

GB 21045　《大口黑鲈》

NY 5071　《无公害食品渔用药物使用准则》

NY 5072　《无公害食品渔用配合饲料安全限量》

NY/T 5361　《无公害农产品　淡水养殖产地环境条件》

SC/T 1098　《大口黑鲈　亲鱼、鱼苗和鱼种》

3 环境设施条件

3.1 环境条件

养殖环境应符合 NY/T 5361 的要求；环境安静，交通便利。

3.2 设施条件

3.2.1 池塘环境

池塘环境应符合 NY/T 5361 的规定，受台风、洪涝等自然灾害影响小。

3.2.2 水源水质

水源无污染，水量充沛，排灌方便，水质符合 GB 11607 的规定。

3.2.3 配套设备

配置增氧机、抽水泵和发电机等。

4 亲鱼培育

4.1 亲鱼培育池

选择面积为 2~5 亩的池塘作为亲鱼培育池，要求水深在 1.5 m 左右，池底平坦，水源充足，水质良好，进排水方便，通风透光。

4.2 池塘消毒

放鱼前 30 d 排干池水，充分暴晒池底，然后注水 6~8 cm，用漂白粉 150 kg/hm^2 化水后全池泼洒消毒。

4.3 亲鱼来源

由原种场、良种场和人工养殖符合标准的鱼培育的个体，种质符合 GB 21045 规定。

4.4 亲鱼选择

选用 2 龄的大口黑鲈作为亲鱼，2 龄亲鱼个体应在 0.8~1.0 kg；挑选体质健壮、体型好、无伤病的亲鱼，亲鱼符合 SC/T 1098 要求。

4.5 放养密度

亲鱼采用专塘培育，每亩放养 600~1 200 尾，雌雄比例约为 1∶1。

4.6 日常投喂

用大口黑鲈专用配合饲料投喂，所投喂的饲料要符合 GB 13078 和 NY 5072 规定，每天投喂 1~2 次。

4.7 冲水与增氧

产卵前 1 个月应适当减少投饵，并每隔 2~3 d 冲水 1~2 h，促进亲鱼性腺发育成熟，必要时还要打开增氧机增氧。

5 人工繁殖

5.1 繁殖季节

大口黑鲈产卵季节为春季,水温上升到 19~22℃ 时开始产卵。每年 12 月至翌年 2 月有地热、温泉提高水温,也可提早产卵。

5.2 雌雄鉴别

雌鱼体形较粗短,生殖季节体色淡白,卵巢轮廓明显,前腹部膨大柔软,上下腹大小匀称,有弹性,生殖孔稍凸,产卵期呈红润状,有两个孔,前后分别为输卵管和输尿管开口,少数个体轻压腹部有卵籽流出。

雄鱼则体型稍长,腹部不大,生殖孔凹陷,只有 1 个孔,较为成熟的雄鱼轻压腹部便有乳白色精液流出。

5.3 产卵池

5.3.1 水泥池

通常要求面积为 20~400 m^2,水深 0.6~1 m,应具备控光和控温设施。

5.3.1.1 人工鱼巢

人工鱼巢可用尼龙窗纱或棕榈皮等制成。尼龙窗纱鱼巢是在粗铁丝框上缝上窗纱,规格为 50 cm×40 cm;棕榈皮可直接放在池底,规格为 22 cm×23 cm,沿水泥池周边每隔 1~1.5 m 设置 1 个产卵巢,相距 1 m。

5.3.1.2 亲鱼密度

每 1~2 m^2 放入亲鱼 1 组。

5.3.2 池塘

面积宜为 2~5 亩,水深 0.5~1.0 m,池边有一定的斜坡。

5.3.2.1 透明度

池水的透明度 25~30 cm。

5.3.2.2 溶氧

溶氧量充足,最好在 5 mg/L 以上。

5.3.2.3 配组密度

每亩可放亲鱼尾数为 250~300 组。

5.3.2.4 卵巢设置

产卵巢可直接铺放在浅水区或用竹子悬挂使其保持在约 0.4 m 的水深处,池塘周边每隔 1~1.5 m 设置 1 个产卵巢。

5.4 人工催产

5.4.1 催产季节

在春季水温达 19~22℃时进行催产。

5.4.2 雌雄比

催产时,挑选雌雄个体大小相当者配对,雌雄比为 1:1。

5.4.3 催产剂及剂量

催产剂为促黄体素释放性腺激素(LHRH-A2)和绒毛膜促性腺激素(HCG),二者混合使用。每千克雌鱼注射 10μg LHRH-A2 和 1 000 IU HCG,雄鱼则减半。

5.4.4 注射方法

胸鳍基部的无鳞凹陷处一次注射,注射深度约为 1 cm。

6 产卵孵化

6.1 产卵水温

当水温为 19~22℃时,注射激素后 24~30 h 开始发情产卵。

6.2 受精过程

开始时雄鱼不断用头部顶撞雌鱼腹部,当发情到达高潮时,雌雄鱼腹部相互紧贴,这时开始产卵受精;产过卵的雌鱼在附近静止片刻,雄鱼再次游近雌鱼,几经刺激,雌鱼又可发情产卵。

6.3 产卵类型

大口黑鲈为多次产卵类型,在 1 个产卵池中可连续数天见到亲鱼产卵。

6.4 自然产卵

让催产后或未催产的雌雄鱼在产卵池内自行配对产卵,受精卵为球形,淡黄色,卵径为1.3~1.5 mm,卵产入水中卵膜迅速吸水膨胀,呈黏性,黏附在鱼巢上。发现有受精卵,及时收卵,移入孵化池内孵化。大口黑鲈为多次产卵类型,雌鱼产卵后便离开巢穴,雄鱼则留在巢边守护受精卵,不让其他鱼接近。

6.5 孵化

受精卵在水泥池中进行孵化,这样也更有利于孵出的仔鱼规格齐整,避免相互残杀。

6.6 孵化水质

水质应符合 GB 11607 的规定,溶氧宜在 5 mg/L 以上,水深 0.4~0.6 m,避免阳光照晒,有微流水或有增氧设备的能大大提高卵化率。

6.7 孵化

每天清晨将卵巢取出,放置新卵巢,取出的卵巢悬挂在室内水泥池进行孵化,应具备控温增氧设施,保持温差≤±1℃,溶氧≥5 mg/L。

6.8 孵化时间

表1 孵化水温与出膜时间关系

孵化水温（℃）	17~19	18~21	22~22.5
出膜时间（h）	52	45	31.5

6.9 出苗

刚出膜的鱼苗半透明,长约0.7 cm,卧于池底或卵巢上,出膜后第三天,开始平游。

7 鱼苗培育

7.1 水泥池育苗

7.1.1 水泥池

20~30 m² 为宜,池壁光滑。

7.1.2 独立进排水

放苗前应先清洗水池,并检查有无漏洞,如果发现漏水应及时修补,独立进排水系统。

7.1.3 水深调节

水深 20~25 cm,以后每天加注少量新水,逐渐加至 50~70 cm。

7.1.4 放养密度

表 2 培苗放养密度

幼苗规格(cm)	0.7~1.0	1	2
放养密度(尾/m³)	10 000~20 000	5 000	2 000

注:若水质优良,具微流水,密度可适当增加。

7.1.5 投喂

初期应投喂小型的浮游动物,例如丰年虫、轮虫、桡足类无节幼体,每天投喂 4~6 次,投喂量视幼鱼的摄食情况增减。

当鱼苗长至 1.5~2 cm 时转入池塘进行培育,且培育密度应适当降低,应投喂大型浮游动物,如枝角类、桡足类、水蚯蚓等。

长至 2 cm 以上时摄食量增大,可开始驯食专用配合饲料。

7.2 池塘育苗

7.2.1 育苗池

用的池塘水深 1~1.8 m,水源充足,水质好,不受污染,面积以 1~3 亩为宜。

鱼苗下塘前约 10 d 用生石灰或茶粕清塘,消毒后的塘进水 50~70 cm,适当施肥,培肥水质,增加浮游生物量,透明度保持在 25~30 cm，水色以绿豆青为好。

7.2.2 放养密度

每亩放养密度为 15 万~30 万尾，具体视鱼塘的肥瘦程度而定。

鱼苗下塘后，以水中的浮游生物为食，因此必须保持池水一定的肥度，提供足够的浮游生物，若浮游生物量少，饵料不够时，鱼苗会沿塘边游走，此时需捞取浮游生物来投喂。

7.2.3 饵料及驯食

鱼苗下塘后每天补充生物有机肥和微生物制剂肥水。若鱼苗发生沿塘边游走现象，及时从其他池塘捞取浮游生物饵料补充投喂。鱼苗在池塘内培育 15~20 d。

鱼苗全长大于 2.5 cm 时，将鱼苗集中到网箱中开始进行配合饲料驯化。每次投喂前拨动水面或用微流水刺激，吸引鱼苗前来摄食，并使其形成条件反射，每天投喂 6~8 次，驯化 7 d，鱼苗可摄食配合饲料。

7.2.4 过筛分级

肉食性鱼类，一旦生长不齐，就出现严重的相互残杀现象，特别是高密度的池塘育苗，在鱼长 8 cm 之前，互相残杀最严重，应根据鱼苗的生长情况（一般培育 7~10 d）用鱼筛进行分级，分开饲养，有利于提高鱼苗的成活率。

7.3 培苗期的管理

7.3.1 水质要求

每 5~7 d 注水 1 次，每次注水 10 cm 左右，直到较理想水位，以后再根据天气和水质，适当更换部分池水。

7.3.2 进水过滤

注水时在注水口用密网过滤野杂鱼和害虫，同时要避免水流直接冲入池底把池水搅浑。

7.3.3 及时分池

同塘放养的鱼苗应是同一批次孵化的鱼苗,以保证鱼苗规格比较整齐。

7.3.4 分级饲养

培苗过程中应及时拉网分筛、分级饲养,放苗密度高,需要过筛的次数也多。

7.3.5 日常管理

定时、定量投喂,保证供给足够的饵料,以保证全部鱼苗均能食饱,使鱼苗个体生长均匀,减少自相残杀,提高成活率。坚持在黎明、中午和傍晚巡塘,观察池鱼活动情况和水色、水质变化情况,发现问题及时采取措施。

8 疾病防治

预防为主,防治结合。清塘彻底,对池塘、食场、工具及鱼体等进行彻底消毒,实行苗种检疫和消毒制度。采用生石灰或微生态制剂改良池塘水质、底质,科学合理投喂饲料。药物使用应符合 NY 5071 的规定。拉网、转塘做好细心操作,避免鱼体受伤。